贵州省农村产业革命重点技术培训学习读本

果树高效栽培技术轻松学

贵州省农业农村厅 组编

中国农业出版社
农村读物出版社
北 京

编委会

本书编撰组

编 撰 组 长 向青云

编撰副组长 王 瑶

编 撰 人 员 邵 宇 冯世义 王 雄 杨润秋 文晓鹏 聂 飞 蔡永强 马玉华 雷 强 唐冬梅 陈 楠 郑乾明 王 彬 赵 凯 罗昌国 仲伟敏 张 敏 罗 怿 李文云 赵晓珍 冷云星 张雯娟 刘华钧 吴利波 陈海燕 龙 毅 林海波 程 程 李 菲 张 起 倪 茂 袁启凤 郑 伟

前言
FOREWORD

根据贵州省委、省政府开展脱贫攻坚进一步深化农村产业革命主题大讲习活动的工作部署，贵州省农业农村厅组织发动全省农业农村系统干部职工和技术人员，以“学起来、讲起来、干起来”为抓手，广泛开展“学理论、学政策、学技术”，进一步转变思想观念、转变发展方式、转变工作作风，进一步统一思想、凝聚力量、推动工作，巩固提升农村产业革命取得的成效，总结推广各地实践取得的经验，全面落实农村产业发展“八要素”，深入践行“五步工作法”，持续深入推进农村产业革命。为配合产业技术培训活动广泛深入开展，省农业农村厅组织专家、学者结合贵州省实际，编写了“贵州省农村产业革命重点技术培训学习读本”，供各级党政领导、村支两委干部、农业农村部门干部职工、农业经营主体等人员学习和培训使用。

目前，贵州果园面积达到708万亩①，产量330万吨，呈现生产规模不断扩大、区域布局开始形成、产业体系逐步完善、质量水平稳步提高、经济效益不断增长的良

① 亩为非法定计量单位，1亩=1/15公顷。——编者注

好格局。本书的出版将对进一步推动贵州省果树产业的发展起到积极的作用，主要内容包括果树产业基本概况、果树栽培基础知识、贵州省果树产业发展重点品种及布局、贵州省重点果树栽培技术要点等。力求理论联系实际，做到内容丰富、通俗易懂、科学严谨、兼顾实用性和可操作性，对果树产业发展起到指导作用。

由于编写时间仓促，不足之处在所难免，敬请读者指正。

编 者

2020年2月

目 录

CONTENTS

一、果树产业基本概况

1. 全国果树产业发展现状如何？

我国果品总面积和总产量一直稳居世界第一。2017年全国水果（含瓜果）总面积1 536.71万公顷，较“十二五”初期增加143.38万公顷，增长10.3%，年均增长1.6%。其中，园林水果种植面积1 281.67万公顷，比“十二五”初期增加127.28万公顷，增长11.03%，年均增长1.62%。从全国园林水果种植面积的地区分布情况看，“十二五”初期面积在100万公顷以上的依次为广东、陕西、河北，“十二五”末期面积在100万公顷以上的依次为陕西、广西、广东、河北。

2. 贵州省果树产业发展现状如何？

据行业调查，2018年全省果园面积达到708万亩，产量330万吨，同比分别增长16.2%、16.4%。贵州省坚持绿色发展，依托资源禀赋，重点发展火龙果、猕猴桃、蓝莓、百香果等重点精品水果，基本形成以火龙果、百香果等为重点的“两江一河”

热带水果产业带，贵阳、六盘水猕猴桃产业聚集区、黔东南蓝莓产业聚集区，并涌现了威宁苹果、镇宁蜂糖李、玉屏黄桃、册亨香蕉、纳雍玛瑙红樱桃、三都水晶葡萄等具有代表性区域特色产品。全省水果企业703家，其中省级重点龙头企业20家，水果产业相关合作社发展到2 412家（其中规模合作社47家）、社员约7.8万人。通过标准园创建和现代高效农业示范园区建设，全省水果区域化、标准化、专业化、规模化生产进一步扩大，提高产业水平，共创建了39个水果部级标准园和建设102个以水果为主导产业的现代高效农业示范园区。

3. 贵州省出台的果树产业政策和规划有哪些？

先后出台了《关于加快精品果业发展的意见》《关于加快推进现代山地特色高效农业发展的意见》《绿色贵州建设三年行动计划（2015—2017）》《贵州省发展“一县一业”助推脱贫攻坚三年行动方案（2017—2019年）》《贵州省精品水果产业发展规划（2016—2020年）》等。

二、果树栽培基础知识

4. 我国果树种类与分布如何？

全世界主要果树（栽培、半栽培、野生）134科、659属、2 792种，另有变种110个。中国果树59科、158属、670余种。在我国的果树种类资源中，原产中国的温带果树有：白梨、砂梨、秋子梨、杜梨、豆梨、沙果、桃、银杏、板栗、核桃等；原产中国的亚热带和热带果树有：甜橙、柑、橘、枇杷、杨梅、荔枝、龙眼、柿、君迁子等。

5. 当前我国果树资源的利用情况如何？

（1）广泛作为经济栽培，已经成为大宗商品的树种。落叶果树有：苹果、沙果、梨、葡萄、枣、柿、杏、李、梅、桃、樱桃、板栗、核桃、山核桃、山楂、榛、石榴、银杏、猕猴桃和草莓等。常绿果树有：柑橘类、菠萝、荔枝、龙眼、枇杷、杨梅、杨桃、橄榄、芒果、椰子等。

（2）局部地区有一定栽培面积，有较大经济效益的树种。

无花果、果桑、树莓、醋栗、木瓜、越橘、油梨、人心果、阿月浑子等。

（3）已引起人们注意且开发利用的树种。沙棘、金樱子、刺梨、余甘子等含有大量维生素C的野生、半野生果树。

（4）可供同属或近缘树种作砧木，或具有杂交育种用途的果树。苹果属、梨属、桃属、杏属、柑橘属、葡萄属等属中的野生、半野生种以及其他尚待研究利用的野生果树种类。

6. 根据园艺学分类，果树有哪些类型？

（1）根据果树生物学特性分类。根据冬季叶幕特性分类为：

①落叶果树。主要特征：叶片在秋季和冬季全部脱落，翌年春季重新长出，有明显的生长期和休眠期。主要种类：苹果、梨、桃、李、柿、枣、核桃等。

②常绿果树。主要特征：叶片终年常绿，春季新叶长出后老叶逐渐脱落，无明显的休眠期。主要种类：柑橘、枇杷、荔枝、龙眼、芒果、榴莲等。

（2）根据植株形态特性分类。

①乔本果树。主要特征：有明显的主干，树体高大。主要种类：苹果、梨、李、荔枝、椰子、枣等。

②灌木果树。主要特征：树冠低矮，无明显主干，从地面分枝呈丛生状。主要种类：石榴、醋栗、无花果、刺梨、树莓等。

③藤本果树。主要特征：茎细长，蔓生不能直立，必须依靠支持物才能生长。主要种类：葡萄、猕猴桃。

④草本果树。主要特征：具有草质茎，多年生。主要种类：香蕉、菠萝、草莓等。

（3）根据果实结构分类。

①仁果类。主要特征：为混合芽，子房下位花；果实为假

果，果实由花托、萼筒肥大发育而成；果实内有多数种子，故称为“仁果”。主要种类：苹果、沙果、海棠、梨、山楂、木瓜、枇杷等。

②核果类。主要特征：果实为真果，由子房发育而成，有明显的外、中、内3层果皮，中果皮为食用部分，内果皮木质化，成为坚硬的核。主要种类：桃、李、杏、梅、樱桃、芒果、橄榄等。

③浆果类。主要特征：果实除外面几层外，肉汁化且充满浆汁，为可食用部分。主要种类：葡萄、猕猴桃、草莓、树莓、杨桃、人心果、番木瓜、蒲桃、番石榴等。

④坚果类。主要特征：果实或种子的外皮具有坚硬的外壳，食用部分为种子的子叶或胚乳。主要种类：核桃、板栗、银杏、扁桃、阿月浑子、椰子、腰果等。

⑤聚花果类。主要特征：果实皆由一个花序发育而成，需热量等级高或很高，适宜在热带栽培。主要种类：菠萝、菠萝蜜、面包树、番荔枝等。

⑥柑果类。主要特征：果实为柑果，由子房发育而成，外果皮革质化，富含油胞，中果皮疏松呈海绵状，内果皮含有多浆的汁胞为食用部分。主要种类：柑橘类果树。

⑦荔果类。主要特征：外果皮革质化，食用部分为假种皮。主要种类：龙眼、荔枝、红毛丹等。

7. 根据生态适应性分类，果树有哪些类型？

（1）寒带果树。主要特征：能耐−40℃以下低温，只能在高寒地区栽培。主要种类：醋栗、山葡萄、越橘等。

（2）温带果树。主要特征：多是落叶果树，适宜在温带栽培，耐−20～−30℃低温，休眠期需要一定的低温。主要种类：

苹果、梨、桃、杏、枣、核桃、柿、樱桃等。

（3）亚热带果树。主要特征：能耐0℃左右低温，冬季需要短时间的冷凉气候（10℃），既有常绿果树，也有落叶果树。主要种类：柑橘、荔枝、龙眼、枇杷、橄榄、杨梅、杨桃（常绿）、扁桃、石榴、枳、无花果、猕猴桃（落叶）。

（4）热带果树。主要特征：适宜热带栽培的常绿果树，较耐高温、高湿。主要种类：香蕉、菠萝、人心果、槟榔、芒果、椰子等。

8. 什么是果树的生育期？

（1）果树生命周期。果树在个体发育过程中，经历萌芽、生长、结实、衰老、死亡这一过程，亦即果树全部的生命活动。

（2）童期。也称为幼年阶段，是指从种子萌发起，经历一定的生长阶段，到具备开花潜能的这一段时期。童期长短是植物的一种遗传属性。各种果树的童期长短不同，如“桃三杏四梨五年”，柑橘类为七、八年，银杏、荔枝、龙眼等则为十几年，同一树种不同品种的童期长短也有不同。

（3）幼树期。通常是指从苗木定植到开花结果这段时期。

（4）年生长周期。果树一年中随外界环境条件的变化出现一系列的生理与形态的变化并呈现一定的生长发育规律性。果树这种随气候而变化的生命活动过程称为年生长周期。

（5）物候期。果树在年生长周期中所表现的生长发育的变化规律，通常由器官的动态变化反映出来。这种与季节性气候变化相适应的果树器官动态变化时期称为生物气候学时期，简称物候期。物候期的进行具有顺序性，在一定的条件下具有重演性和有重叠性。

9. 果树根系类型有哪些？

（1）实生根系。梨和柑橘实生砧木的根系。

（2）茎源根系。葡萄等扦插繁殖，荔枝等压条繁殖，试管苗的生根繁殖都是茎源根系。

（3）根蘖根系。枣、石榴分株繁殖的个体。

10. 果树根系结构是什么？

果树的根系通常由主根、侧根和须根组成。种子胚根长出的称为主根，主根上长出的粗大分枝为侧根，主根及各级侧根上着生细小的根称为须根。主根及一、二级大侧根统称为骨干根。须根短而细，直径2.5毫米以下，经常死亡，是临时性的根，起吸收和输导作用。生长根、吸收根的吸收区都有根毛。极少数果树如长山核桃、柑橘不具根毛。

11. 果树根系怎样分布？

（1）水平分布。沿地表生长的根称为水平根，水平根可达到树冠的2～3倍，但有60%左右的根系分布在树冠正投影之内。培养好水平根，是幼树早结丰产的关键。如酸橘砧水平根/垂直根的总条数、总粗度之比>1，才有希望在正常管理并采取促花措施的情况下顺利结果。水平分布范围一般定植后第二年就超过树冠，成年时为树冠的3～5倍。

（2）垂直分布。是大体与土表呈垂直方向生长的根系。根群主要分布在地表10～40厘米范围内。垂直分布范围一般定植后第三年就超过树高，成年时为树冠的1.5～3倍。

12. 果树芽的结构是什么？

果树的芽是枝、叶或花的原始体以及生长点、过渡叶、苞片、鳞片构成的。是枝或花形成过程中的临时性器官。

13. 什么是果树芽的早熟性和晚熟性？

（1）芽的早熟性。当年生枝梢上形成的芽当年即能萌发抽枝。如：桃、李、柑橘和大多数常绿树种及葡萄的夏芽。早熟性芽的树种一年可抽生2 ～ 3次枝，进入结果期早。

（2）芽的晚熟性。当年生枝梢上形成的芽翌年才能萌发抽枝。如：苹果、梨及多数落叶树种。具有晚熟性芽的树种结果一般较晚。

14. 什么是果树萌芽力与成枝力？

（1）萌芽力。枝条上的叶芽能抽生枝叶的能力，以萌发芽占总芽数的百分率表示。

（2）成枝力。枝梢上萌发的叶芽并抽生长枝的能力，以长枝占总萌芽数的百分率表示。

柑橘、葡萄、核果类果树，萌芽力和成枝力均强，梨的萌芽力强而成枝力弱。萌芽力和成枝力均强的品种易于整形，但枝条过密，修剪时多疏少剪，防止郁闭。萌芽力强而成枝力弱的品种，易形成中短枝，但枝量少，应注意短剪，促其发枝。

15. 果树枝的类型有哪些？

结果枝是着生花芽、开花结果的枝；结果母枝是着生结果枝的枝条；营养枝是着生叶芽、只长叶不能开花结果的枝。簇生枝是长度≤5厘米的枝；短枝是长度在5～15厘米的枝；中枝是长度在15～50厘米的枝；长枝是长度在50～100厘米的枝；超长枝是长度≥100厘米的枝。

16. 什么是树冠层性？

大枝在树冠中呈层状分布的现象。树冠层性是顶端优势和芽的异质性共同作用的结果。中心干上的芽萌发为强壮的枝梢，中部的芽萌发为较短的枝梢，基部的芽多数不萌发抽枝。以此类推，从苗木开始逐年生长，强枝成为主枝，弱枝死亡，主枝在树干上呈层状分布。不同树种或品种层性差异不同：苹果、梨、核桃、枇杷的顶端优势强，层性明显；柑橘、桃、李的顶端优势弱，层性不明显。

17. 什么是叶面积指数？

叶面积指数是指单位面积上所有果树叶面积总和与土地面积的比值，反映单位土地面积上的叶密度。单株叶面积与树冠投影面积的比值称为投影叶面积指数。一般果树适宜的叶面积指数是4～6，柑橘为4.5～5。

18. 坐果的概念及其机制是什么？

（1）坐果。经授粉受精后，其子房膨大而发育成果实。

（2）坐果的机制。植物激素对控制坐果有重要作用。花粉中含有植物生长素（吲哚乙酸）、赤霉素、芸薹素（类似赤霉素的物质），受精后胚和胚乳合成细胞分裂素、植物生长素（吲哚乙酸）、赤霉素，根内也合成细胞分裂素，刚开花后有脱落酸存在，这些激素的平衡关系影响坐果。(生长促进物质增加，生长抑制物质下降)。内源激素促进坐果的机理，主要是高浓度的激素含量，提高了调运营养的能力，提高了竞争力，防止离层形成，也促进核酸，主要是信使RNA，信使核糖核酸合成，使基因活跃。

19. 什么是落花落果？

（1）落花。果树落花是指在开花后，一部分未经授粉受精的花（子房）脱落，因此，落花也称为“子房脱落”，而不是指谢花（花瓣自然脱落）。

（2）落果。落果是授粉受精后，一部分幼果因营养不良或其他原因而脱落。

（3）落花落果的机制。由于形成离层的结果。其原因与生长素及乙烯有关。

（4）落花落果的规律。落花落果呈多峰现象。很多果树的落果次数多，持续时间长。仁果类和核果类一般发生4次落果高峰：第一次落果在开花前后子房尚未膨大时（盛花后2周左右），以落蕾和落花为主。主要原因是花芽发育不良或开花前后环境条件恶劣（低温、大风、干旱等），使花没有授粉或授粉不良而脱落。第二次落果在花后3 ~ 4周内，子房开始膨大而后脱落。主要原因是没有受精或受精不良，子房没有坐果的足够激素与营养（受精刺激）。第三次落果又称为生理落果，大体在花后4 ~ 6周，也称为6月落果。主要原因是营养不良。因为幼果的生长发育需要大量养分，这时如果氮素供应不足或营养生长太旺、贮藏养分不够时，常使胚的发育终止，造成已受精的子房甚至已长到一定大小的幼果萎缩脱落。第四次落果多指采前落果。果实以接近成熟，采前1个月左右开始落果。这次落果主要是由自然灾害或栽培管理不当造成的。

20. 什么是果实?

果树子房及其包被物发育而成的多汁或肉质可食部分。真果：桃、杏、李、樱桃；假果：苹果、梨；聚合果：草莓、树莓、菠萝、悬钩子；复果：无花果、果桑。

21. 什么是果树的三基点温度?

果树维持生命与生长发育的最低温度、最适温度、最高温度称为三基点温度。在最适温度范围内果树表现为生长发育正常；最低温度与最高温度是果树生命活动与生长发育终止时的下限温度与上限温度，该温度范围内表现为生长发育出现异常、受到抑制或完全停止。

22. 光照对果树的生殖生长有什么影响?

光照不良，同化养分积累少，花芽分化数量少，花器发育不良，花质低，授粉受精不良，坐果率低，落果多。开花后1个月光照不良，抑制果实生长，并促进落果，产量低。光照好，着色好（花青素形成多）。在全光照70%以上着色最好。光照好，糖分高，香味好，维生素C含量高，有机酸含量低；果皮紧，耐贮；果实较大、较重。

23. 哪几类果树抗旱力强?

抗旱力强的果树有桃、杏、石榴、枣、核桃、菠萝等；抗旱力中等的果树有苹果、梨、樱桃、李、柑橘等；抗旱力弱的果树有香蕉、枇杷、杨梅等。

24. 种植果树适合什么样的土壤？

（1）沙质土。沙质土栽培果树，根系分布深而且广，植株生长快而且高大，容易早期丰产优质，土壤管理方便。栽培技术上应多施有机肥，强化肥水管理，肥水每次用量宜少而多次。桃、枣、梨等果树适宜沙质土栽培。

（2）壤质土。壤质土是栽培果树较为理想的土壤，适宜栽培多种果树，特别是苹果、香蕉、荔枝等。

（3）黏质土。果树生长在黏质土中易受环境胁迫的影响。黏质土不宜栽培桃、扁桃等果树，比较适于栽植李、柚、苹果等。在栽培管理时要加强对黏质土的改良，如深耕、增施有机质和掺沙土。

（4）砾质土。较适宜栽培葡萄。

25. 种果树需要测定土壤酸碱度吗？

果树生长要求不同的土壤酸碱度，主要是由于土壤中有机质、矿质元素的分解和利用以及微生物的活动，都受土壤pH（土壤酸碱度）影响。当pH在6.5 ~ 7.5时，B、Cu、Fe、Mn、Mo、Zn的有效性最高；当pH低于6.5或高于7.5，它们的有效性都降低。在进行园地选择应该注意考虑土壤的酸碱度，因为不同果树所要求的土壤pH不同。

三、贵州省果树产业重点发展品种和布局

26. 贵州省果树产业重点发展品种有哪些？是如何布局的？

《贵州省发展“一县一业”助推脱贫攻坚三年行动方案(2017—2019年)》中，根据资源禀赋、气候条件、产业基础和市场需求，结合不同果树生长特点，在贵州省45个县布局12个优势特色水果树种。形成以罗甸、镇宁、关岭、贞丰、望谟为主的火龙果产业区，以水城、大方、江口、修文为主的猕猴桃产业区，以镇宁、从江、贞丰、普安、望谟、册亨、榕江为主的百香果产业区，以麻江、丹寨、黄平为主的蓝莓产业区，以镇宁、沿河、贵定、紫云、贞丰、清镇为主的李产业区，以石阡、玉屏、瓮安、镇远、余庆、义龙为主的桃产业区，以三都、凯里、息烽、清镇为主的葡萄产业区，以从江、荔波、榕江、惠水、岑巩、晴隆为主的柑橘产业区，以福泉、湄潭、台江为主的梨产业区，以纳雍、镇宁、赫章、乌当为主的樱桃产业区，以威宁、长顺、桐梓为主的苹果产业区，以兴义、开阳为主的枇杷产业区等。

四、贵州省重点发展果树品种栽培技术要点

（一）百香果

27. 什么是百香果？

百香果学名为西番莲，又名鸡蛋果、巴西果、西番果、洋石榴、情人果等，原产巴西南部，是热带多年生常绿攀缘性草质藤本植物，广植于热带和亚热带地区。因其果汁能散发出芒果、草莓、石榴、香蕉、柠檬等众多水果的浓郁复合香味，故称为百香果，它同时又有果汁之王、水果味精的美称（图4-1-1、图4-1-2）。

图4-1-1　百香果植株

图4-1-2　百香果果实

28. 百香果有什么价值？

图4-1-3　百香果花

（1）观赏价值。百香果生长过程中，叶绿、花奇（不同颜色、奇丽鲜艳）、果美（鸡蛋形、圆形）、色多（淡绿、淡黄、紫红色、金黄）、味香（花及熟果有芳香味）（图4-1-3）。

（2）营养价值。果实含有17种人体必需的氨基酸和丰富的糖类、有机酸、矿物质、维生素、黄酮类、多酚类等对人体有益的成分，其中，维生素C可以达到美容美白、增加免疫力的效果，而维生素E则可促进生殖并进一步提高人体免疫力。

（3）药用价值。百香果中所含琥珀酸及黄酮类物质在抗焦虑、镇定等方面发挥重要的作用，多酚类可以清除自由基，多糖类则有抗肿瘤的功效。此外，百香果还具有清热降火、止咳化痰等作用。

29. 世界百香果发展情况如何？

百香果在南美洲、非洲、澳洲、亚洲等地区均有种植，主要栽培国家有巴西、秘鲁、美国、哥伦比亚、委内瑞拉、哥斯达黎加、危地马拉、巴拿马、厄瓜多尔、斐济、印度、斯里兰卡、日本、肯尼亚、南非、澳大利亚、马来西亚、泰国、越南、老挝、柬埔寨、中国等。东南亚国家以一年一种为主，栽培品种主要为台农1号、紫香1号、黄金果、满天星。近年来，随着中国-东盟自贸区建立、“一带一路”战略拓展和国内对百香果消费需求日益扩大，越南、泰国、老挝、柬埔寨等东南亚国家种植规模快速扩张。目前，泰国、越南的百香果已获准进入中国。

30. 我国百香果的种植情况如何？

百香果在我国种植主要分布在广西、福建、台湾、广东、海南、贵州、云南等地。目前，我国经济栽培品种有台农1号、紫香1号、黄金果、满天星等。2018年，全国百香果种植面积60余万亩，其中面积最大的为广西30余万亩，其次为福建20万亩、贵州4.8万亩、广东4.5万亩、海南2万亩。

31. 贵州省是否适合发展百香果？

从贵州省全年的光照、热量及土壤等生产条件看，虽不及我国的广西、福建、海南等地和越南、老挝、泰国等国优势明显，但在贵州省南部地区海拔低、热量高，在4～10月的光、热、水资源丰富，而且昼夜温差大，有利于果实营养物质积累，品质好、风味浓郁，且没有极端高温和台风等不良气候因子影响，产量较为稳定；而且，此时正值贵州省旅游旺季，游客高峰期与百香果集中上市期相吻合，有利于果品销售。因此，选择热量条件好的区域大力发展百香果商品种植切实可行。

32. 贵州省百香果的种植现状如何？

贵州省在20世纪90年代开始进行百香果引种栽培，真正规模化、商品化种植始于2016年，2018年发展到4.8万亩，至2020年年底，贵州省百香果面积可达到近10万亩，主要分布在从江、平塘、荔波、普安、贞丰、安龙、镇宁、松桃等30余个县（市、区）。其中黔西南州和黔南州种植面积较大。全省共有百香果种植企业50家、合作社68家，栽培品种以紫果种紫香1号、台农1号为主。黄金百香果（黄果）2018年在贵州省首次小规模露地种植，2020年达到近1万亩。

33. 贵州省百香果产业怎样做好区域布局？

根据百香果的生态适应性要求，将种植区划为适宜区和次适宜区，重点布局在红水河、南北盘江、都柳江、清水江流域，以镇宁、贞丰、望谟、从江、榕江、罗甸、荔波、凯里等为重点县，加快发展。

适宜区选择年均温17℃、4月平均温17.5℃、10月平均温19℃以上，土壤肥沃、降水充足的地区。以多年生栽培为主，鼓励一年生大苗栽培，主要集中在红水河、南北盘江、都柳江流域的低热河谷地区，重点在贞丰、望谟、册亨、罗甸、镇宁、从江、榕江等县种植，为黄金百香果、满天星的主要产区。

次适宜区选择年均温16℃、4月平均温16.5℃、10月平均温18℃以上，土壤肥沃、降水充足、旅游条件较好的地区种植。以一年生栽培为主，种植紫香1号、台农1号等紫果品种，主要布局在黄果树、荔波、平塘、凯里、黎平、兴义、安龙、义龙、松桃等旅游景区，逐步辐射周边休闲观光农庄、农家乐乃至普通人家的房前屋后，打造成为贵州全域旅游布局的一个重要组成部分。

34. 我国百香果的种类主要有哪些？

果实供食用的百香果是紫果西番莲、黄果西番莲、甜果西番莲、香蕉西番莲、樟叶西番莲，其中适宜商业化种植的百香果是紫果西番莲、黄果西番莲、大果西番莲及紫果与黄果杂交种。

35. 目前百香果主要栽培品种有哪些？其性状如何？

习惯上百香果采用杂交种及种子繁殖，并未形成园艺意义上的无性系品种，只区分紫果种、黄果种和杂交种3种类型。主产区的一些栽培品系也处于不断的发展变化中（图4-1-4）。

图4-1-4 百香果各品种（从左至右依次为满天星、黄金、台农1号、紫香1号）

（1）台农1号。为紫果与黄果的杂交种，该品种生长旺盛，耐寒性、抗病性稍强，自然授粉，成熟时果皮呈现紫红色，香气浓郁，酸甜适口，平均单果重70克。

（2）紫香1号。从台农1号嫁接苗选育而来，果实与台农1号相似，但果个略小于台农1号。

（3）黄金。为黄果西番莲的优选品种，其抗寒性较差，果个大，甜度高，现以芭乐味和纯甜黄金果最受欢迎。

（4）满天星。果皮表面与其他品种不同，布满星星点点，抗寒性较差，果个大，香味不浓，果皮厚，耐贮运，外形美观。

36. 百香果种植对环境条件有哪些要求？

（1）温度。最适宜的生长温度为20～30℃，在年均温

18.5℃以上地区均能栽培，最冷月平均气温应高于8℃，一般在不低于0℃的气温下可以正常生长，到−2℃时植株会严重受害，甚至死亡，但不同品种的耐寒性不一样。

（2）水分。要求降水均匀，年降水量1 000 ～ 2 000毫米。抗旱力中等，干旱会抑制生长，使花芽、开花数和花的质量降低，果实发育不良并脱落，严重时大量落叶。多雨季节排水不良时，茎基部肿大、松裂，叶片极易脱落，若土壤湿度过高及空气湿度太大，则增加茎基腐病及叶、果病害的发生。

（3）光照。长日照有利于开花结果，有利于果实品质提高。

（4）土壤。除重黏土外，各种土壤均适宜。但要求肥沃深厚、排水良好、忌渍水和水淹，山地要易于灌溉。以沙壤土和壤土最适宜。pH为5.5 ～ 7.5，土层至少在50厘米以上且土壤养分含量高的最好。

37. 百香果种苗类型及特点有哪些?

按种苗的培育方式主要分为实生苗、扦插苗、嫁接苗。

（1）实生苗。是用百香果种子直接播种培育出来的种苗。根系发达，幼苗不带病毒，吸水吸肥能力强，抗旱力较好。但当年不易生成花芽，需一定时间的幼年期才会开花结果，如果不采取控制营养生长措施，当年挂果少、产量低，容易产生变异。

（2）扦插苗。由植株的营养器官如根、茎无性繁殖而成。成长速度快于实生苗，可保持母本性状，但因只具备不定根，根系入土浅、不抗旱、抗病性较弱，易受真菌感染，要注意防治茎基腐病、根腐病，有重茬障碍，受根系制约对产量及果实大小有影响。

（3）嫁接苗。由挑选的砧木及接穗嫁接后繁育而成。生长速度快，较实生苗缩短幼年期，开花结果速度快。较扦插苗根系更完整，吸水吸肥能力强，营养吸收更有优势，产量更高，用抗基腐病的砧木嫁接，可降低茎基腐病发生率，但并非所有的砧木品种都抗病。因此，要对砧木及接穗进行严格筛选。

38. 如何选购百香果苗木？

一看苗高，30 ~ 50厘米的苗木大小合适、成活率高；二看叶片，需有3 ~ 5片完全叶，叶片呈深绿色，且厚实有光泽，没有黄色或灰色病斑；三看根系，根系旺盛且白根居多，若使用嫁接苗则需要砧穗愈合良好。

39. 百香果园如何选地？

选择交通便利的平地或缓坡地进行种植，以东南坡向南北行向最为理想。以排水良好的缓坡地为佳，稻田种植时务必起高厢，同时要远离工厂和污染水源地，种植前还要了解当地气候条件，主要是最高和最低气温以及是否发生霜冻，以提前预防灾害性气候，从而降低种植风险。

40. 百香果园地种植前，土壤要如何改良？

对已选择好的地块，在种植百香果时，要提前做好准备工作，包括土壤养分含量的测定、土壤翻晒（降低病虫基数）、排水沟的挖置。如遇土壤地块不肥厚，至少要对种植坑土壤增施有机肥，一次施用1 000 ~ 1 500千克/亩，提高土壤有机质含量。酸性偏重的土壤，撒石灰调节；碱性偏重的土壤用酸性肥调节，改良过程应分多次逐步进行，适宜的土壤pH为5.5 ~ 7.5。

41. 如何对百香果种植坑施基肥？

对挖好的定植穴（长、宽均为50～60厘米，深40厘米），用充分腐熟的农家肥（10～20千克）和钙镁磷肥（0.2～0.3千克）与开挖的土壤混匀，进行定植穴回填，最后垒成高出土面20～30厘米的树盘。

42. 百香果的定植方法及定植时间如何选择？

百香果周年均可定植，贵州省以春植最为适宜，春植时间为2～4月定植时尽量选择在阴天或小雨天进行栽种，以保证较高的成活率。春植如遇灾害性气候（寒害和倒春寒），提前搭小拱棚或覆膜对植株进行保护，春季种植可在当年6～7月开花结果。

根据当地气候条件、土壤肥力、种植年限、品种特性和栽培架式及管理技术来决定种植密度。如气候环境适宜、土壤肥沃、管理技术能跟进，则可密植；如土壤贫瘠、管理技术跟不上，则稀植，株行距可按实地进行设置，如2米×1.5米、2米×2米、2.5米×3米或3米×3米，每亩种植70～200株。

定植时，先将苗木根系在生根粉溶液中浸泡15分钟，然后将苗木轻轻放入已施下基肥的定植坑内并扶正，用细碎土壤回填至茎基处，切勿埋的过深，随后浇足定根水，如遇阳光强烈，可对植株进行遮阴或覆盖地膜、杂草以保温保湿，减少水分蒸发，对有营养袋且影响根系生长的苗，则需要轻拍取出再种植，嫁接苗一定要露出嫁接口，且嫁接的砧木接口放在背风方向，苗种后要用杆支撑捆绑，以防吹断。

43. 百香果栽培架式有哪些？

根据种植地形条件，选择合理的架式进行搭建，支柱要牢固，能支撑拉紧铁丝和枝蔓、果实的重量。目前，使用最多、效果最好的是篱壁架。

44. 怎样合理地给百香果灌水？

百香果幼苗时期和开花结果期，要进行适当灌水，保持土壤湿润，以利于根系生长，吸收养分供应植株，达到土壤养根、根养叶、叶养果的循环。如遇干旱，浇水在早晨或晚上进行，在阴雨连绵天气应及时排水，以免感染病菌造成植株病害。

45. 什么时候给百香果追肥？

百香果一年可多次开花、多次结果，需养分较多，在幼苗种植成活后，根据长势情况需进行追肥，提供营养进行开花结果。开花前期可施用水溶性高钾复合肥，喷高磷叶面肥，坐果后则要施高钾复合肥以达到壮果的目的。施用叶面肥时，需按照说明书上的稀释倍数进行操作，而在挖坑追肥时，需把复合肥埋至远离茎基50厘米以外，以免烧根。

46. 百香果幼苗时期开的花和抽发的芽如何处理？

幼苗种植成活后，在其生长至可攀爬棚架未分枝时，所抽发长出的侧芽和花朵要抹去，侧芽待芽长至2 ～ 3厘米时，用大拇指抹去，忌用枝剪，嫁接苗则需要注意嫁接口以下所发的枝一定要抹掉，让嫁接口上的苗生长。

47. 百香果上架时，如何保留侧枝？

贵州省目前主推篱壁架垂帘式修剪法，即主蔓上架时将其打顶诱发一级蔓，保留2条一级蔓向篱壁两边生长并疏除其他侧芽，一级蔓生长至1.5 ～ 2米时，将其打顶诱发二级蔓，每条一级蔓上保留5条二级蔓，使其自然下垂作为结果枝。

48. 百香果怎么进行花期修枝？

二级蔓作为结果枝会在生长的同时开始开花结果，正常的二级蔓每节均会开花结果，需要在坐果5个后将其打顶，防止花果过多、养分供应不足。若二级蔓在生长至第四节时还未开花，则可将其疏除。在二级蔓上5个果实全部成熟采以后，可将其整枝疏除，节约养分，使一级蔓发出新的结果枝。

49. 百香果落花、落果的主要原因有哪些？

①不良天气。开花期出现30℃以上高温、天气干燥时，雌蕊黏液少，雄花花粉不散开，花粉管萎缩，影响开花、授粉、受精；大风、暴雨和15℃以下的低温也影响开花授粉受精。②偏施氮肥、藤蔓徒长或营养不足，缺少硼、镁等微量元素，花蕾发育不健全，影响授粉、受精。③虫害、药害。蓟马危害花器，果实蝇危害幼果，病毒病常造成花芽发育不良，茎基腐病和疫病等病害可能造成大量落果，喷内吸性除草剂和喷农药不当导致落花落果。④修剪疏叶不到位，果棚荫蔽、通风透光差，也可导致落花、落果。

50. 百香果保花、保果可采取什么措施?

开花期出现30℃以上的高温、干燥天气，有条件的果园安装喷灌设施或在园地灌流动水或在上午9时前人工喷水降温，配合人工授粉；适时施好攻花肥和壮果肥，施多元素复合肥每株0.1 ~ 0.2千克+硫酸钾镁肥0.1 ~ 0.15千克；花芽分化期、花蕾期、开花前，叶片喷锌、硼等微量元素叶面肥，不施用除草剂；搞好修剪、疏叶，尤其是第二、三批结果时要剪除植株上重叠蔓、无花蔓，适当疏叶，使果棚通风透光良好，避免养分消耗；加强病虫害防治，预防疫病、茎基腐病等重大病害发生。

51. 如何防治百香果茎基腐病?

百香果在高温高湿的条件下易发生茎基腐病，在幼苗期和成株期均可受害，主要危害植株离地面5 ~ 10厘米的部位。幼苗期受侵染的百香果植株叶片会褪绿、脱落甚至整株枯死。成年植株受病菌侵染初期茎基部会出现深褐色病斑，随后受侵染的茎基部表皮层会逐渐变软、腐烂、产生裂痕，当外界湿度大、病情加重时，病斑开始扩展延伸，地上部分常表现为枝蔓和叶片黄化、凋萎，果实皱缩失水，然后整株植株枯萎死亡。

选用抗病砧木，选用抗病强的黄色种作砧木的嫁接苗；注重土壤管理，连作地块种前整地、晒地，降低病原基数；地势低、排水差的地块起垄栽培；增施有机肥改良土壤环境；加强栽培管理，及时修剪，保持果园通风透光，减少果园荫蔽程度；大雨过后，要及时排除积水，防止果园积水；加固棚架，减少因风害引起的茎部损伤；积极预防补救，高温多雨期，发现叶片发黄或出现凋萎现象，要及时检查茎部和根部。发病初期，扒开茎基部土壤，刮除病部，用甲霜噁霉灵、络氨铜、氯溴异氰尿酸、噁霉灵·福美双等灌根及涂抹病部，若发现枯死植株，要及时处理，连根挖出，带出园外烧毁，并对病坑土壤撒施石灰进行消毒。

52. 如何避免百香果的病毒病？

能侵染百香果的病毒的种类已达20多种，其中以木质化病毒、黄瓜花叶病毒及斑驳病毒等发生较为普遍。感染百香果病毒病的植株矮小，生长不良，叶片着色不均、斑驳、皱缩，果实小而硬、或畸形，产量低，果实品质差（图4-1-5）。带病苗、机械传播、嫁接传播及媒介昆虫等是主要的病毒传播方式。

图4-1-5　百香果病毒病

百香果病毒病无法根治，在生产中以选用无病种苗种植为最佳选择，定植前土壤消毒，尽量避免套种，特别是不要与易诱发病毒病的茄科、瓜类套种，幼苗期发现病毒病或疑似病毒病时，果断拔除，结果中晚期发病，通过喷施盐酸吗啉胍+海精灵生物刺激剂（叶面型）暂时缓解病情，待收果后再作销毁；修剪过程中，注意修剪工具的消毒，以免通过修剪伤口传播病毒。蚜虫能传播病毒病，要及时防治蚜虫的危害，减少病毒传播；加强果园管理，注重通风排水、冬季清园，多施有机肥、生物菌肥，增强植株的抗病性。

53. 如何防治百香果根腐病？

百香果根腐病主要危害植株根部及根颈部，初期症状主要为植株生长势下降，已挂果的植株上的果实变小，植株新梢短，叶片薄，颜色浅，早黄早落，严重时整个植株叶片发黄脱落，甚至整株枯死。

加强肥水管理，使果园通风透光，尽可能使根基部受到阳光直射，做好排水，防止积水，可增施生物菌肥，改善根部环境；及时对感病的植株进行药剂防治，发病严重的植株应及时挖除，并对病坑土壤进行消毒，防止继续传染。可采用枯草芽孢杆菌、噁霉灵、甲酸铜等药剂进行灌根防治，每隔7～10天1次，连续2～3次。

54. 如何防治百香果炭疽病？

百香果炭疽病菌主要危害百香果叶片、果实。叶片受侵染初期在叶片边缘产生圆形或近圆形病斑，后期病斑会融合形成大斑块，上生黑色小点，发病严重时会导致叶片枯死或脱落。果实受到危害症状与叶片类似，幼果受害，严重时导致落果，成熟果实受害，果实表面布满黄褐色小斑、大斑，严重影响果实外观，采后容易腐烂（图4-1-6）。

防治百香果炭疽病需注重果园排水，合理修剪，通风透光，降低湿度。合理施肥可提高植株抗病性，若有感病严重的叶片或果实，应及时清除，避免继续传播。感病初期或清园之后，

图4-1-6　百香果炭疽病

可用代森锌、百菌清或吡唑醚菌酯喷施，每隔10～15天喷施1次，连续喷施2～3次。

55. 如何防治百香果疫病？

百香果在苗期、成株期均可发生疫病。苗期受到侵染时，茎叶出现水渍状斑，严重时叶片萎蔫，植株死亡。成年植株受侵染初期叶尖会出现水渍状病斑，叶片病斑逐渐扩大，变成半透明状，最后变褐坏死、落叶，严重时茎部受到危害，造成茎蔓枯死。果实受害时，表面的病斑会深入果肉，导致软化腐烂，在高温高湿情况下会产生白色霉状物。

防治百香果疫病需注意加强果园管理，应注重果园通风透光，合理施肥，提高植株抗病性，防止过量施用氮肥。同时及时剪除病枝、病叶和病果，避免继续传播。发病初期，可用雷多米尔·锰锌或霜脲·锰锌进行预防防治，每隔10天左右喷施1次，连续喷2～3次。

56. 百香果园区如何防治蚜虫？

蚜虫虫害易在春季发生，主要危害嫩叶和嫩芽，使得叶片不能正常生长，同时蚜虫还是传播病毒病的主要媒介，更应加强防范。防治时需及时清除落叶和杂草，可采用黄色黏虫板进行诱杀，也可使用吡虫啉进行喷洒防治。

57. 百香果园区如何防治橘小实蝇？

橘小实蝇主要危害成熟果实，成虫产卵于果实内，幼虫在果实内蛀食。防治时可利用性诱剂诱杀橘小实蝇，并及时将虫果和落果清除。若危害很严重，必要时可在成虫产卵前喷洒灭蝇胺或晶体敌百虫等药剂，5天左右喷施1次，连续喷施2～3次。

58. 百香果园区如何防治叶螨？

叶螨在高温、干旱的季节较易发生，主要危害叶片，成虫在叶背刺吸汁液，造成叶片褪绿，严重时叶片脱落，影响植株的正常生长。可用螨死净或哒螨灵等进行防治，每隔7～10天喷施1次，连续喷施2～3次。

59. 百香果开裂是怎么回事？

裂果是多种因素导致，主要原因有以下几点：①缺素引起，缺钙、缺钾、缺硼等会造成果实发育差，导致果实在成熟前后开裂。在果实发育期，要施高钾肥，促进果实的生长，同时注意补充微量元素肥，10～15天喷1次钙、镁、锌、铁、硼等多元素叶面肥，避免引起缺微量元素导致的落花、落果及果实畸形现象。②水分不均匀，水分过干或过湿，在果实膨大期，如果长期干旱后突然下大雨，吸水过多膨大，果皮容易撑爆开裂。所以要做好水分管理工作，做到天晴不干旱，下雨不沤根。③树势弱、光照差、通风不良及偏施氮肥的果园容易裂果。土壤也是影响裂果的重要因素，土壤排水不良、严重板结、通透性差、土壤酸化的果园裂果严重；应增施有机肥，增强土壤保水保肥能力。④激素类植物生长调节剂的滥用是造成裂果的原因之一，不要滥用植物生长调节剂。⑤病虫害也会造成裂果，综合防治叶螨、蓟马等害虫，尽量减少因病虫害造成的裂果。

60. 百香果多久才成熟？

百香果果实成熟时间因开花季节、温度不同而异，果实大小快速增加而在两周内达到最大，开花后第四周果肉转为多汁，第八周果皮开始转成紫色，果实在成熟过程中，可溶性固形物逐渐增加而可滴定酸逐渐下降，果实成熟后会自己掉落，如挂网收集果实，既省工又能保证果实质量。4 ~ 6月开花，果实60 ~ 70天成熟；7 ~ 8月开花，果实80 ~ 90天成熟；9 ~ 10月开花，果实100天以上成熟。

61. 百香果如何采收？

百香果采收时应选在晴天早晨或傍晚为宜，尽量不在高温时段采果，雨天或雨刚停时忌采，否则果面湿度大，堆积装箱过程中会由于密闭空间发热，导致果实腐烂，采果前要准备筐或篮，采时要轻拿轻放，尽可能避免果实碰撞损伤。紫果类百香果的果实完熟时，果皮为紫色或紫红色，香味变浓；黄果类百香果完熟时为黄色，对于长途运输或需长时间贮藏的果实，宜在果实开始着色七八成熟时采摘，若采收过迟，易落果，果皮局部皱折，影响商品价值。

62. 百香果怎样进行贮藏保鲜？

百香果采后要及时运送至阴凉通风干爽处或包装场就地整理，严格剔除病虫危害的果实和碰伤果，然后根据市场需求进行包装，包装可用衬有塑料薄膜的纸箱、木箱或竹箩等，在堆积和运输中要注意保湿。百香果可保存时间随着温度的变化而变化，10 ~ 15℃的气温最适合百香果存放，半红半绿的果子可保存2周以上且能自熟；气温在20℃以上，自熟加快，在通风条件下，正常可存放约10天，气温越高，存期越短；温度低至6℃，百香果不能自熟，但存期最长，只要再将果子存放至15℃以上环境，就会自熟；温度低于0℃，会发生冷害，鲜果不适合直接放至冰箱冷冻室，但可把百香果果肉挖出，保存于冰箱冷冻室，可长达数月以上不坏。

63. 百香果鲜果的保鲜方式有哪些？

（1）常温保存。通风干燥环境下，可以放1周，随着贮放时间的延长，果皮会慢慢失水变皱，虽然果面不好看，但里面的果肉还是新鲜的，且更香更甜。

（2）急冻保鲜。把果子用保鲜膜一个个包好，然后放入冰箱速冻室，吃的时候就拿出来提前解冻，这个方法的保存时间长，但会影响口感。

64. 百香果加工产品有哪些？

百香果加工产品种类繁多，主要有浓缩果汁、稀释果汁、混合果汁、甜酒、掺汽水的果子汁、蜜饯、口香糖等。百香果果肉通过发酵可制成果酒、果醋，经过腌渍可制成果酱；果皮经过烘干可制成炖汤香料，经过腌制可制成果脯；另外，百香果的香味成分也可用于制作果糕、香皂、面膜等各类产品。

65. 寒潮来袭百香果园如何防范？

百香果冬季最低温度低于−2℃，或遇霜冻、连续冻雨天气时，植株易受冻害死亡。要时刻关注天气预报，做好以下防范措施：①及时抢收成熟果实，防止果品受冻，台农、紫香微红果可提前采摘，放在室内保温盖棉絮催熟。②对于打算留苗过冬的果园，可对百香果主蔓涂白，或用稻秆、薄膜包好，果盘可撒草木灰或农家肥防冻。③有条件的果园还可用薄膜在棚顶覆盖预防霜冻。④如遇连续冻雨，气温4～8℃时，可及时抽灌一次跑马水提高土温。⑤有霜冻危害的地区，及时通过喷水洗霜，可降低冻害损失；施用热性肥料、生长调节剂或使用防冻剂，施用热性肥料，根施有机肥，淋灌、冲施氨基酸、腐殖酸、黄腐酸、核苷酸、高钾肥等，提高植株抗寒能力；防冻剂通常在果树黄叶落叶前，温度10℃上下使用最好，5℃以下不建议使用，在寒流前1～2天使用效果明显。⑥叶面喷施芸薹素+磷酸二氢钾、复硝基酚钠（钾）等生长调节剂可提高植株抗逆性。

（二）火龙果

66. 世界上有哪些国家在商业化种植火龙果？

主要有越南、中国、马来西亚、以色列、泰国、哥斯达黎加、尼加拉瓜、墨西哥、古巴、美国、哥伦比亚等近20个国家。

67. 中国有哪些省规模化露地种植火龙果？

广西、广东、贵州、海南、云南、福建等6省（自治区、直辖市）在规模化露地发展火龙果，2018年年底全国火龙果种植面积超过60万亩（图4-2-1）。

图4-2-1　火龙果植株

68. 贵州省哪些县（市）适合露地种植火龙果？

年均温18.5℃以上，1月平均气温8℃以上，低于0℃气温持续时间少于48小时，主要在南盘江、北盘江、红水河流域等低海拔富热量区域，包括望谟、罗甸、贞丰、镇宁、册亨、关岭、安龙、晴隆、兴仁等9个县（市）。

69. 火龙果有哪些营养价值？

火龙果具有水果、花卉、蔬菜的特点，又有很好的营养价值和很高的经济价值。火龙果果实营养丰富，具有低脂肪、高蛋白、高食用纤维素、高磷脂、低热量等特点，有预防便秘、高血压、高尿酸及降低血脂的辅助食疗功能（图4-2-2）。

图4-2-2　火龙果果实

火龙果花营养丰富，富含糖、有机酸、膳食纤维、蛋白质和多种维生素，膳食纤维的含量达17.4%，蛋白质为15.0%；火龙果花所含的17种氨基酸中，人体必需的8种氨基酸占氨基酸总量的43.8%。火龙果花含有人体需要的磷、钾、钙、镁、锌、铁和硒等矿质元素，其中以钾、镁、磷和钙含量较丰富。

70. 火龙果有哪些生物学特性？

火龙果茎粗而长，一般长30～150厘米，宽3～8厘米，其分枝较多，枝条多为三棱形，边缘呈波浪状或圆齿状。枝条颜色一般为深绿色或绿色，光滑无毛；另外，有些品种的枝条表面附着白色粉状物或边缘具木栓化，刺座上有1～6根展开的刺，刺呈锥状、针状、弧状等。

火龙果的花，朵型较大，又名霸王花、剑花、天尺花、龙骨花、七星剑花；花漏斗状，长25～30厘米，直径15～25厘米，于夜间开放；花托及花托筒密被淡绿色或黄绿色鳞片，鳞片卵状披针形至披针形，长2～5厘米，宽0.7～1厘米；萼状花被片黄绿色，线形至线状披针形，长10～15厘米，宽0.3～0.7厘米，先端渐尖，有短尖头，边缘全缘，通常向外翻卷；瓣状花被片白色，长圆状倒披针形，长12～15厘米，宽4～5.5厘米，先端急尖，边缘全缘或啮蚀状，开展；花丝黄白色，长5～7.5厘米；花药长4.5～5毫米，淡黄色；花柱黄白色，长17.5～20厘米，直径6～7.5毫米；柱头20～24根，线形，长3～3.3毫米，先端长渐尖，展开，黄白色；花期5～11月。

71. 国内主要有哪些火龙果品种？

（1）大红。大红火龙果是20世纪90年代我国台湾选育出来的红肉火龙果优良品种，属自交亲和型，品质优良，深受广大果农喜爱，在台湾火龙果产区进行了大面积推广种植，是红心火龙果中的大品牌。近年来，广西、广东等地先后从台湾引进大红火龙果种植，2009年福建省农业科学院果树研究所从广东引进，经观察，大红火龙果植株长势强、早果性好；生产上可免人工授粉，自花授粉率100%；果形指数1.13，果皮上的鳞片分布较稀，且较粗短，果肉红色，平均单果重428.7克，最大可达620.0克，可溶性固形物含量15.6% ～ 21.0%，可食率68% ～ 79%，耐贮运，室温下可贮放15天左右。丰产性好，丰产时亩产可达3 000千克以上。

（2）紫红龙。紫红龙火龙果是贵州省农业科学院果树科学研究所历经9年选育出的，适宜贵州低海拔高热量区域种植的火龙果新品种之一（图4-2-3），于2009年12月通过贵州省农作物品种审定委员会审定。成熟期为每年7 ～ 12月，已在贵州的罗甸、关岭、贞丰、望谟、册亨、镇宁等地推广种植。该品种每年结果10 ～ 12批次，从现蕾到开花需要15 ～ 21天，谢花后到果实成熟一般需要28 ～ 34天；果实圆形，果皮红色，果肉紫红色，果形指数1.03，鳞片红色、基部鳞片反卷；枝条平直、粗壮，整体绿色，刺座周围木栓化及缺刻不明显；风味独特。2007年10月获首届中国成都国际农业博览会金奖，同年11月获第三届贵州农产品展销会名特优产品。

图4-2-3　紫红龙品种

紫红龙平均单果重330克，最大600克，可食率83.96%以上，可溶性固形物含量11.0%。贵州省南盘江、北盘江、红水河谷海拔700米以下，赤水河谷海拔500米以下，年均温18.5℃以上，常年1月气温高于-1℃的区域适合种植，需人工辅助授粉。

（3）桂红龙1号。桂红龙1号火龙果是广西农业科学院园艺研究所、博白县农业技术推广中心、博白县东平镇新业火龙果种植专业合作社共同从普通红肉火龙果选育的芽变单株。2014年通过广西非主要农作物品种审定。该品种不需要人工授粉，果实近球形，果实较大，纵径8.0～12.5厘米，横径7.0～12.0厘米，鳞片浅绿、较长、中等厚、不反卷，鳞片顶部呈紫红色；不易裂果；平均单果重533.3克，果皮厚度0.30～0.36厘米，可食率约70%，果肉中心可溶性固形物含量18.0%～21.0%，边缘可溶性固形物含量12.0%～13.5%；果皮玫瑰红色，果肉深紫红色，肉质细腻，易流汁、味清甜，略有玫瑰香味，品质优良。种子黑色，中等大、较疏。

在自然授粉情况下，二年生平均亩产1 064.78千克，三年生平均亩产1 856.54千克，四年生平均亩产2 869.75千克。

（4）晶红龙。晶红龙火龙果是贵州省农业科学院果树科学研究所从普通白玉龙中发现的芽变单株，经系统选育而成的白肉类型品种，于2009年12月通过贵州省农作物品种审定委员会审定。晶红龙四季均能生长，每年结果7～9批次，从现蕾到开花16～18天，从开花到果实成熟28～34天。果实长椭圆形，果形指数为1.40，果肉白色，种子黑色，平均单果重400克，果实鳞片黄绿色、平直。果皮紫红色、果皮厚度0.30厘米。可食率73.3%，可溶性固形物含量12.0%。枝条平直、细长，整体绿色，边缘木栓化及缺刻明显，刺座较稀，且着生于凹陷处。外花被片末端渐尖、边缘深绿色，花瓣米白色，柱头黄色，与花药高度齐平，末端未分杈。果实营养丰富，口感较好，具有较强的抗旱性。

晶红龙平均亩产1 250～1 500千克，贵州省南盘江、北盘江、红水河谷海拔700米以下，赤水河谷海拔500米以下，年均温18.5℃以上，常年1月气温高于−1℃的区域适合种植。

72. 贵州省主要推广的火龙果新品种（系）是什么？

贵州主要推广的火龙果新品种有：紫红龙、黔蜜龙、黔红、软枝大红等。

73. 贵州省山地火龙果栽植前需要做哪些准备？

（1）树盘准备。将水泥柱四周表土起垄，定植树盘，树盘高20 ～ 25厘米、直径0.8 ～ 1米。

（2）肥料准备。优质有机肥或农家肥每亩1 ～ 1.5吨。

74. 贵州省山地火龙果有哪些栽培模式？

（1）单柱式。水泥柱的规格为长180厘米，截面为10厘米 × 10厘米，水泥柱顶端留取长5 ～ 10厘米、宽8厘米的水泥方盘套头，水泥柱柱心放置两根6毫米钢筋，采用水泥、沙和碎石按1 ∶ 2 ∶ 3的比例打制而成。水泥柱入土50厘米。水泥方盘为窗形框架，方盘边长50厘米，中心方孔8厘米，其中心方孔可与水泥柱顶端卡稳。

（2）A形排架。搭架方式主要采用钢管、镀锌钢管为材料交叉架，呈A形，交叉点上方加以水平放置钢筋或埋地柱拉钢索而成，生长的主枝前期通过木条牵引至水平支架上，并采用塑料绳或布条绑缚使其平行均匀分布。每隔3.0米布置1处支架，每排A形支架之间的间距为3.0米。

管子采用镀锌圆形钢管（规格：直径2.5厘米、厚度为2毫米），高度为2米，入土0.5米，地上1.5米。

75. 每亩火龙果种植多少株种苗？

（1）单柱式。水泥桩株行距为2米×3米，111桩/亩，每根水泥柱桩周围栽植3～4株苗，每亩定植333～444株。这种栽培方式多用于坡地。

（2）A形排架。A形排架的行距为3.0米，排架间每隔0.45米定植1株，每亩定植718株。这栽培方式多用于平地或缓坡地。

76. 贵州省山地火龙果可以采用限根栽培吗？

在平地或缓坡地发展火龙果可以采用限根栽培。

在待种植的地面挖定植穴，定植穴为直径0.8米、深0.45米的圆形坑穴，坑穴的行间距为3.0米×2.5米。

在定植穴内铺设事先制作好的无纺布树袋，树袋的规格为0.8米（直径）×0.6米（高），树袋中间位置开设0.1米×0.1米的方形小孔，以便火龙果定植所需立柱穿过，树袋铺设要求入土0.45米，地上0.15米，以便于后期肥料的放置。

77. 贵州省什么时候种植火龙果好？

3～10月均可种植，但以4～5月种植最佳。

78. 种植火龙果对土壤条件要求严格吗？

火龙果对土壤的要求不是特别严格，沙壤土、黏质壤土或其他土壤类型均可生长，以排水良好、土层深厚的沙质壤土为最佳。但火龙果根系较浅，最好选用疏松透气的土壤，利于根系呼吸。

火龙果对土壤pH的适应范围较广，在弱酸或中性土壤中均可生长良好。但是贵州省农业科学院果树科学研究所在pH为8.6的土壤中成功地种植了火龙果，且生长良好。

79. 火龙果园可以使用地布吗？

可以。建议选用黑色地布，具有透气性好、渗水快、防止杂草生长的作用。

80. 火龙果园可以使用除草剂吗？

不可以。火龙果园禁用除草剂。

81. 火龙果适合采用生草栽培吗？有哪些草种可供选择？

建议火龙果园采用生草栽培，可以选择三叶草、紫花苜蓿、藿香蓟、紫云英、苕子等草种。

82. 火龙果园生草栽培有什么好处呢？

一是直接增加果园收入；二是减少果园投入成本；三是果园生草可改善果园生态环境，同时也使果园生物种群及群落发生一定的变化，有利于保护害虫天敌，可以减轻病虫危害，有利于火龙果园害虫的无公害防治。火龙果生草栽培示范园见图4-2-4。

图4-2-4　火龙果生草栽培示范园（紫花苜蓿）

83. 火龙果幼树怎么施肥？

幼树期施肥以尿素为主，配以适量的复合肥，可用清粪水或油粑水，根据土壤条件适当调节肥料的种类和比例，每月约施肥1次，勤施薄施。在1月以农家肥为主，重施基肥，每亩用量1 ～ 1.5吨。

84. 火龙果结果树怎么施肥？

火龙果具有多批次结果特性，因此，施肥次数、施肥量和施肥比例与幼树不同，每年在气温开始回升时以长效农家肥为主，重施1次萌芽肥，每亩用量1 ～ 1.5吨。在结果期，于每次采果后施以清粪水或油粑水配以适当磷、钾肥。最后一批果采完后，重施1次越冬肥，每亩用量1.5 ～ 2吨。

85. 火龙果园怎么浇水？

种植初期应保持土壤湿润，土壤含水量最好维持在50% ～

60%，尤其是在夏季高温期间，如能定期给予灌溉，火龙果枝条的生长极为迅速。为促进火龙果的花芽分化与结果，在5～11月开花结果期间，尽可能保持土壤湿润状态，视当地气候情况，每周宜灌水2次。11月至翌年2月，火龙果植株处于休眠期，灌溉水量可稍减，切忌忽干忽湿。

86. 需要人工辅助授粉的火龙果在什么时候进行？

授粉时间为开花当晚10时至翌日清晨8时左右。

87. 火龙果怎么疏花疏果？

在自然落花后5～7天进行，主要疏去连生和发育不良的花蕾，尽量保留不同棱柱上的花蕾，每根枝条留下3个左右花蕾。在火龙果授粉后3～6天，幼果子房膨大期，疏去过密果和过弱果，进行定果。定果方法根据果形、品种、树势等，每隔30厘米左右留1果，每根枝条留果1～2个。疏果时要先去畸形果、病虫果和小果，再去弱边果。一般下垂枝条中间部位和底部的果，个大、果正、果形指数高，尽量保留。

88. 单柱式架形的火龙果怎么整形修剪？

定植后主干上所萌发的嫩芽，选留靠近上部的生长健壮的1个芽体进行培养，其余芽体全部疏除，待其长至10～15厘米时，采用塑料绳或布条绑缚于水泥柱上，让其沿水泥向上生长。当主干快长至柱顶时进行打顶处理，使其长出不同方位的主枝3～4枝，并让主枝下垂。火龙果植株达到丰产时，每株火龙果预留28～36棵结果枝。

89. A形排架的火龙果怎么整形修剪？

定植后主干上所萌发的茎芽，选留靠近上部的生长健壮的1个芽体进行培养，其余芽体全部疏除，待其长至10～15厘米时，采用塑料绳或布条绑缚于事先扦插好的木条上，诱引其沿木条长至水平支架处。当主干快长至柱顶时进行摘心处理，使其长出不同方位的主枝2枝，分别绑缚于水平支架的相反方向，待其长至20厘米左右时，进行摘心处理以便其水平方向的枝条生长出结果母枝；火龙果植株达到丰产时，每株火龙果预留4～8枝结果枝。

90. 火龙果最后一批果采收后怎么修剪？

每年产季结束后，剪去产果后衰老枝、病虫枝、干枯枝、细弱枝，使整个树体通风透光。若枝条过密，疏去长度在30厘米以下的短枝。开春后，剪去受冻的腐烂枝、病虫枝、干枯枝；若树体主枝生长健壮，全部剪去架下抽发的新枝，根据不同架形，架上部的新枝适当疏剪。

91. 火龙果的病虫害综合防控原则是什么？

提倡预防为主、综合防控。采用农业技术、物理技术、生物技术、化学技术等综合防治措施，冬季及时清园，全面应用杀虫灯、性诱剂和黏虫色板，病虫危害控制在经济阈值以下。科学使用农药，禁止使用高毒、高残留农药或其他禁限用农药。实行病虫害专业化统防统治。

92. 火龙果园如何防治桃蛀螟？

（1）控制害虫食物源。火龙果园周边和园内不要混栽桃、李、杏、樱桃、板栗等果树，以控制桃蛀螟的食物源，降低虫口基数。

（2）保持果园清洁。及时清理枯枝、残枝、病虫枝，用火焚烧或挖坑覆土深埋。冬季应彻底清理果园，剪除病虫枝、交叉枝，使火龙果园通风透光，破坏害虫越冬和产卵的隐蔽环境。

（3）摘除花萼。桃蛀螟将卵产于火龙果花筒内、两果交际处和枝条交叉处，可通过疏花疏果和摘除已授粉萎蔫的花萼，集中处理，减少虫源。

（4）作物诱杀。利用桃蛀螟对向日葵、玉米、高粱、蓖麻等作物趋性较强的特性，可以在果园四周选择种植以上某种作物，然后用无公害农药25%灭幼脲3号2 000倍液、1.8%阿维菌素2 000 ～ 3 000倍液等集中喷药杀虫。

（5）物理防治。桃蛀螟成虫趋光、趋化性强，可从其成虫刚开始羽化时（未产卵前），晚上在火龙果园附近或园内用频振式杀虫灯或挂黄板诱杀成虫。

93. 火龙果园如何防治蜗牛？

（1）人工捕杀。

（2）火龙果园放养鸡、鸭，可啄食大量蜗牛。

（3）药剂防治。抓住蜗牛大量出现未交配产卵的4月上中旬及大量上树前的5月中下旬盛发期2个时期进行。①撒施药剂。于晴天傍晚。用四聚乙醛制剂（6%嘧达或8%灭蜗灵）

15千克/公顷拌150～225千克干细土，全园撒施，或用石灰粉、草木灰、磷肥、细茶籽饼300～450千克/公顷，全园撒施，驱杀成虫，连续防治2次，防效达95%以上。②喷施药液。8时之前及17时之后对火龙果树盘、植株用5%～10%硫酸铜溶液或1%～5%食盐液或1%茶籽饼浸出液或氨水700倍液或碳酸氢铵100倍液喷施。③毒饵诱杀。用四聚乙醛制剂与碎豆饼或玉米粉或大米粉配制含2.5%有效成分的毒饵，于傍晚施于火龙果园内诱杀。

94. 火龙果园如何防治介壳虫？

（1）人工防治。用硬毛刷或细钢丝刷刷除火龙果枝条上的虫体。结合整形修剪，剪除被害严重的枝条。

（2）保护利用天敌。田间寄生蜂的自然寄生率比较高，有时可达70%～80%，此外，瓢虫、方头甲、草蛉等的捕食量也很大，均应注意保护。

（3）化学防治。根据调查测报，抓准在初孵若虫分散爬行期实行药剂防治。推荐使用22.4%螺虫乙酯4 000～5 000倍液、农地乐1 000～2 000倍液或40%速扑杀700倍液，任选其中一种与含油量为0.2%的黏土柴油乳剂混合后进行防治。

95. 火龙果园如何防治果蝇？

（1）农业技术防治。及时摘除被果蝇蛀食的火龙果，将其深埋处理。

（2）摘花护果。在火龙果谢花后摘除花朵以防成虫产卵危害。

（3）诱杀成虫。可用糖醋液加杀虫剂诱杀成虫，能有效减少虫源，效果良好；规模种植，宜安装太阳能频振式杀虫灯诱杀或挂黄板诱杀。

（4）药剂防治。在成虫盛发期，选择喷洒2.5%溴氰菊酯3 000倍液或10%高效氯氟氰菊酯1 000倍液，隔3 ～ 5天1次，连喷2 ～ 3次。

96. 火龙果炭疽病如何防治？

（1）减少田间病菌残留。一是清除田间地头病残体，发病的枝条可结合疏果、疏枝剔除，并且将病残体深埋或集中烧毁；如果发现炭疽病的植株，应立即截除病斑并集中销毁。二是清理株行间的杂草。

（2）加强水肥管理。一是不能漫灌和长期喷灌。漫灌致使植株根系长期处在缺氧状态、呼吸困难而死亡；喷灌大幅增加果园的空气湿度，有利于火龙果炭疽病发生。二是改变栽培方式，起垄栽培，建设果园排灌渠道。起垄栽培不仅可以促进根系生长，而且可以防止水淹。三是施足基肥，适时追肥，改变偏施氮肥、复合肥的习惯，最好施用已经腐熟的有机肥，不能施用未腐熟的土杂肥。适量增施磷、钾肥，调节树体营养结构，增强植株的抗病性。

（3）化学防治。在生长季节使用甲基硫菌灵或450克/升咪鲜胺2 000倍液进行喷雾预防。视病情发生情况，隔10天左右防治1次，共防治2 ～ 3次。为了防止病原产生抗病性，尽量采用栽培技术措施和生物防治，减少农药使用次数。喷药时做到选药正确，并采取多种药剂轮换使用。

97. 火龙果溃疡病如何防治？

（1）减少田间病源。最主要的是清除病残体，发病的茎节可结合疏枝剔除，并且将病残体集中烧毁或深埋。

（2）加强排水管理。夏季是多雨季节，高温高湿的环境容易造成溃疡病的发生，因此一定要做好排水工作。

（3）化学防治。在发病初期可用克菌丹、腈菌唑、吡唑醚菌酯等杀菌剂等进行喷雾，一般每隔15～20天喷1次，共喷2～3次。为了防止病原产生抗病性，不能长期单一地使用同一种杀菌剂，尽量采取多种杀菌剂轮换使用。

98. 火龙果有哪些防寒抗冻技术措施？

（1）控肥控水。从12月底至翌年2月底暂停火龙果园地施肥和浇灌水工作，提高火龙果的抗寒能力，翌年3月中下旬开始补充肥水。

（2）植株覆盖。低温来临时，采用薄膜、稻草等对火龙果植株进行整株覆盖。气温回升后及时揭开覆盖物。

（3）熏烟增温。气温降到1℃以下时，及时采用熏烟法进行增温。以锯末、碎柴草等为燃料，夜间22时左右点燃，注意控制火势，以暗火浓烟为宜，每亩置燃火点3～4个。

（4）药剂防控。12月上旬开始喷施植物防冻液（500～800倍液）或果树用防冻害药剂（1 000～1 200倍液），稀释后均匀喷施火龙果枝条，连喷2～3次，每次间隔10～15天。

（5）灾后恢复。气温稳定回升后，采取积极措施促进灾后恢复生产。一是治疗冻伤、保护树体。轻微冻害及时用刀片刮去枝条受冻害部位，整株喷施50%多菌灵800倍液或70%甲基硫菌灵1 000倍液。中度冻害剪去受冻害枝条。二是及时追肥料恢复树势。土壤追施速效肥和腐熟农家肥，也可用清粪水+0.5%尿素或沼液进行根外追肥，根外追肥每7天1次，共3次。三是及时补植。对严重冻害植株用壮苗改换补种。

99. 土壤湿度过大会引起火龙果烂根吗?

土壤湿度过大会引起根系腐烂。可控制浇水次数，雨季做好排水，同时使用一些菌肥疏松土壤，改良根际环境。

100. 火龙果为什么会裂果?

火龙果裂果发生的主要因素是品种，而且品种间差异明显。一般表现为圆球形或短椭圆形的品种比椭圆形的品种裂果严重，果脐收口较窄且突出的品种不易裂果。

火龙果果实生长成熟期间久旱遇雨或长时间下雨均易造成裂果，土壤黏重的果园较黄壤土果园裂果严重。果实生长成熟期偏施化肥果实较易裂果；病虫害防治不到位，果实易感染病虫害，裂果现象严重。火龙果缺钙易导致裂果。火龙果采摘过迟，易导致裂果，尤其是采摘期遇上雨天，会加重裂果程度。

101. 火龙果为何开花几天就变黄?

如果火龙果开花后3 ~ 5天就黄化脱落，这说明花朵没有正常受精，没有生命力。一方面，由于红肉火龙果存在着自花不亲和现象；另一方面，如果在开花期间连续下雨，对授粉受精产生很大的影响。

102. 火龙果果实的采收原则是什么?

严格执行农药、化肥施用后采收安全间隔期，不合格的产品不得采收上市。根据果实成熟度、用途和市场需求综合确定采收期，杜绝早采。成熟期不一致的品种，应分期采收。

103. 火龙果果实成熟后怎么采收？

采用一果两剪法采摘，即一手托住成熟果实，一手执剪刀在结果部位的果枝左右两边分别剪下，附带部分茎肉，果柄剪切后的长度不超过果肩，剪口平整无污染。将采摘的果实轻放于衬垫麻布、纸、草等的果筐内，以减少果实碰撞、挤压、刺伤等机械损伤。采收的果实及时运回，地头堆放时间不超过1～2小时，避免果实在田间暴晒，转运时防止装载不实严重振荡。

104. 火龙果采收后怎么挑选、分级？

火龙果采收后及时堆放到阴凉通风的地方，加快火龙果贮藏空间的空气流通，尽快散去果实田间热。散田间热的同时可以对火龙果进行挑选、分级等处理。

挑选：除去小果、烂果、裂果、病虫果、伤果。

分级：根据感官和理化要求将火龙果分为一级果、二级果和三级果三个等级。

105. 火龙果低温贮藏条件是什么？

贮藏温度5～6℃，相对湿度90%～95%。

106. 火龙果有哪些加工产品？

火龙果可以加工为果酒、酵素、果干、花茶、干花等。

（三）猕猴桃

107. 猕猴桃和奇异果有什么区别？

奇异果是指商业化栽培的来自新西兰的猕猴桃，新西兰把引自中国的猕猴桃改名为Kiwifruit，大量出口到中国销售，中国的经销商为了吸引人注意，译为奇异果。奇异果和我国自产栽培的猕猴桃，都指的是猕猴桃属的商业化栽培品种，没有实质性差别。

108. 猕猴桃有什么利用价值？

猕猴桃果实富含糖、维生素、矿物质、氨基酸、纤维素等多种营养成分，其中维生素C含量为普通水果的数倍，被称为“维C之王”。猕猴桃果实性酸、甘、寒，有调中理气等诸多疗效，如促进消化、调控血压、保护DNA免受损伤，有助于预防癌症，提高免疫力，减缓心脏病发病概率，预防肌肤的老化等（图4-3-1）。

图4-3-1　猕猴桃果园

109. 世界猕猴桃产业发展现状如何？

目前，世界上生产猕猴桃的国家有30多个。据2018年统计，栽培总面积超过390万亩，产量已达395万吨。栽培面积和产量最大的是中国、意大利和新西兰，总面积和产量占世界总量的85%以上，主栽品种除中国外其余国家都是以海沃德为主。最大的出口国是新西兰、意大利和智利，这三国的出口量世界总量的76%。

110. 我国猕猴桃产业发展现状如何？

我国猕猴桃面积和产量都已稳居世界第一，2017年栽培面积达360余万亩，产量243万吨，占世界总产量的62%。目前，陕西、四川、贵州、湖南、河南、重庆、江西、湖北、浙江、云南居中国猕猴桃栽培面积的前十位。我国主栽猕猴桃品种为海沃德、徐香、贵长、金魁、米良1号、秦美、翠香、翠玉等绿肉品种，金艳、金桃、华优等黄肉品种，红阳、东红等红肉品种。另外，软枣猕猴桃和毛花猕猴桃已成为新品种发展热点。中国生产的鲜果以国内销售为主，出口量不到5%。

111. 贵州省猕猴桃产业生产现状如何？

贵州省猕猴桃产业发展始于20世纪70年代末，“十二五”以来在贵州省委省政府的大力推动下，至2018年全省种植面积为47.6万亩，产量达到14万吨，已形成了贵阳市修文县、六盘水市水城县等产业集中发展区，其余各地州市许多区县猕猴桃产业都经历了从无到有或面积明显增长的发展过程。主栽品种是贵长和红阳。全省猕猴桃深加工企业有8家，品牌有“猕露”“凉都红心”“弥你红”“碧瑞园”“猕之源”等。

112. 目前，贵州省哪些地区适宜发展猕猴桃？

贵州省大部分地区为独特的喀斯特地貌，昼夜温差大、紫外光线强、雨量充沛，气候条件非常利于果实发育，能积累丰富的可溶性固形物及次生代谢产物，除了夏季气温较高的红水河南部河流区域和北部的赤水河谷，以及西部威宁、盘县海拔2 000米以上的冷凉山区外，其余部分基本都为猕猴桃适宜生长区。但贵州不同区域小气候差异明显，特别是冬春季常出现持续阴雨天气和凝冻的地区，新建果园在猕猴桃品种的选择上仍需慎重。

113. 贵州省适宜种植的猕猴桃品种主要有哪些？

在北部和西部秋冬季降温早、易发生低温凝冻的区域，建议选择抗溃疡病及早中熟的绿肉及黄肉品种，如贵长（图4-3-2）、翠香、徐香（图4-3-3）、华优（图4-3-4）、金怡、翠玉等；中部和东部地区可以增加选择中晚熟及黄肉品种，如金魁、海沃德、金艳、金桃、金圆等品种；南部冬春季干旱、

图4-3-2　贵长猕猴桃

图4-3-3　徐香猕猴桃

气温极少凝冻的地区，不利于溃疡病发生蔓延的，除以上品种外，还可以选择红阳（图4-3-5）、东红、黄金果等。

图4-3-4　华优猕猴桃

图4-3-5　红阳猕猴桃

114. 猕猴桃建园要求什么样的环境条件？

猕猴桃建园要求：年平均气温12 ~ 18℃，有效积温4 000℃以上，无霜期大于260天；年降水量800 ~ 1 500毫米，最好分布均匀，或靠近水源或配备有效的灌溉设施；年日照时数大于1 000小时，山地宜在阳坡建园，光照不足的阴坡或窄沟内不宜建园；土壤以壤土或沙壤土为好，过于黏重或沙石过多、不易保水保肥的土壤，要提前掺入富含纤维的材质进行改良；土壤pH5.5 ~ 7.5，有机质1.5%以上；园地以5°以下缓坡地为好，平坦沙壤土地次之，需起低垄，雨季保证排水；水稻田土或地下水位高的必须起高垄种植；易发生冻害和涝害的低洼沟和易发生风害的山头均不宜建园。园地应交通便利，可供运输车辆通行。

115. 猕猴桃建园时，是栽嫁接苗好？还是先栽砧木苗再嫁接好？

种好猕猴桃，首先是养好根。在管理技术好的条件下，或定植品种没有确定，或难以买到成品嫁接苗时，最好先栽实生砧木苗。砧木苗长势旺、抗性强，第一年先让根系生长扩张打好基础，再进行嫁接，品种接穗芽有好的贮藏营养供应能很快萌发生长，枝蔓上架成形。但是如果品种接穗材料、嫁接技术和人工难以保证，可以一次到位购买定植嫁接苗，比较省工，但注意定植当年要少量多次保证肥水供应，促使嫁接枝干旺盛生长。

116. 猕猴桃栽植株行距多大合适？

猕猴桃采用T形架和水平大棚架栽植，一般株、行距设置为（2～3）米×（3～4）米。具体的栽植密度，要依据品种的长势、立地条件、田间管理方式而定。长势较弱的栽培品种如红阳在土壤肥力较差的情况下，栽培密度可以大一些，建议调整为（2.0～2.5）米×（3.0～3.5）米；若品种长势强、土壤养肥供应充足或采用农事操作机械化的情况下，栽培密度可以为3米×4米；如在山地条件下改造成梯台地种植，行距需依据台地宽度和山石间土层距离进行调整，但株、行距都不宜小于2米。

117. 猕猴桃的雌雄株怎样搭配栽种？

一般雌雄株的配比为（6～10）：1，8：1最为常见。配置方法：小区边第二行开始配雄株，每隔两行配一雄株行，该雄株行每隔两株雌株栽一株雄株；或将全部雄株集中定植在果园的一个地块，方便人工集中采集花粉（图4-3-6）。采用自然授粉的种植方式，如雄株比例过低，将难以保障授粉结实，造成产量和品质降低。

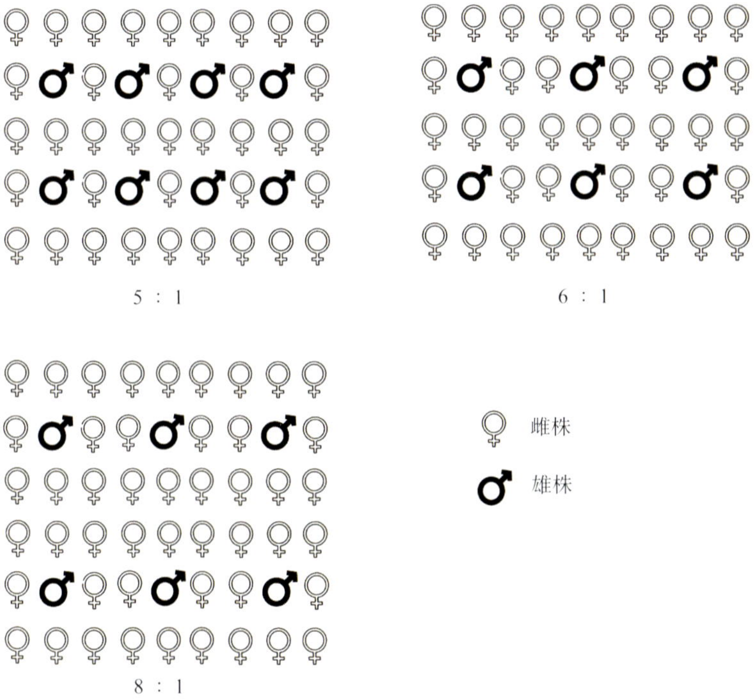

图4-3-6　猕猴桃雌雄株配置示意图

118. 猕猴桃架材如何架设？

贵州省猕猴桃园架材常用水泥柱作立柱，架形一般有T形架和水平大棚架。

(1) T形架。沿行向每隔4 ～ 6米栽一个立柱，立柱全长2.5米，其中立柱地上部分长1.8米，地下部分长0.7米，立柱顶上横梁长1.5 ～ 2.0米，垂直行向，横梁上顺行向间隔40厘米设一道8号热镀锌铅丝，每行末端立柱外1.0 ～ 2.0米处埋设一地锚拉线，地锚体积不小于0.06米^3，埋置深度80厘米以上。

（2）水平大棚架。立柱的规格和栽植距离等同T形架，不使用横梁，而是用热镀锌钢管或钢绞线将全园四周立柱的顶部横拉连接，其上间隔40 ～ 50厘米顺行架设1条8号热镀锌钢丝，垂直行向的间隔1米架设钢丝。

119. 如何栽种猕猴桃苗？

应选择健壮苗木，落叶后至萌芽前栽植。栽植前用杀菌剂进行苗木消毒，用生根粉浸泡根系。把种植穴内中心土堆成馒头状，将苗放在土堆顶部中央，把根系向四周理顺，防止窝根，扶正苗木，使接口面迎向风面。用细碎表土埋盖根系，然后轻轻向上提苗，再用脚踏实后，覆土盖平。春季干旱时浇透封窝水，而后培土形成馒头形，再覆盖塑料膜保湿。嫁接部位应高于地面5厘米以上。实生苗基部或嫁接部位以上剪留2 ～ 3个饱满芽。

120. 猕猴桃建园时如何改土？

平地与缓坡地改土（坡度≤20°）时，全园深翻再聚土起垄。全园深翻50厘米后平整土地，撒施腐熟农家肥每亩2 ～ 3吨，按行距（3.0 ～ 4.0米）起宽2.0 ～ 2.5米、高20 ～ 50厘米的垄，后挖深、宽各40厘米的定植穴，穴施5 ～ 10千克腐熟农家肥，回填3/4土壤混匀后，盖上5厘米厚细土，以备定植苗木。林地与坡度较大的地块（20°≤坡度≤30°）则先坡改梯。平整坡面，将斜坡做成内侧稍低的等高梯田。挖深、宽各60厘米的定植穴，施入20千克腐熟农家肥，与土壤混匀，将定植穴附近细土堆到定植穴上，形成高15 ～ 20厘米的树盘，以备定植。

121. 猕猴桃定植之后有哪些管理要点？

秋季定植的苗木嫁接部位以上留2 ~ 3个饱满芽，干旱地区在春季萌芽前浇一次透水。春季萌芽后选一个健壮枝作为主干，在植株旁插一竹竿，主干新梢及时绑缚在竹竿上，以防新梢被风吹断或下垂弯曲。嫁接口以下萌蘖应及时抹除。主干新梢尖端开始弯曲时摘心，剪口芽萌发继续作主干伸长外，以下萌发副梢留1 ~ 2片叶摘心。萌芽后间隔20 ~ 30天补充氮肥为主的肥料，至9月增加磷钾肥促使枝条成熟。注意防治枝叶部病虫害。

122. 猕猴桃有什么样的需肥特点？

猕猴桃枝蔓生长量大，结果早，结果多，结果期长，每年要消耗大量养分，需及时补充树体生长发育所需的各类营养。一般在开花前多施用含氮高的肥料，花期前后注意补充硼肥促进授粉受精，以及其他微量元素，花后注意增加磷钾肥含量，特别是钾肥，膨大后注意增施钙肥促进增糖和耐贮性。秋季采果后施肥对翌年春季生长和花芽发育影响巨大，用量占全年的60% ~ 70%，应以有机肥为主，同时补充氮磷钾肥，用量一般“斤[①] 果斤肥”。

123. 如何给猕猴桃施基肥？

基肥（包括有机肥和化肥）使用量占全年总量60%以上。

新建园施基肥，从距主干0.3 ~ 0.6米外开挖深、宽各0.3

① 斤为非法定计量单位，1斤=0.5千克。——编者注

米的环状沟或条形沟（距离以不伤主根为原则），将农家肥、化肥与土混合后填入。每年向外扩展，直至完成全园深翻改土。

果园封行且根系全园扩展后，每年施基肥时将农家肥和化肥全部撒在土壤表面，全园翻耕或用旋耕机旋耕，深度0.2～0.3米，靠树行侧可略浅，远树行侧可略深，以不伤粗根为度。

124. 猕猴桃园怎样实行生草栽培？

猕猴桃栽植后即可在行间种植三叶草、毛苕子等。实行生草栽培时，顺行给植株每边留出0.5米左右的营养带，保持覆草、覆地布或清耕。播种时生草带撒施化肥。最佳播种时间为春秋两季。播种时确保土壤墒情好，整细地面，条播或撒播，然后耙平，每亩播种量1～3千克。幼苗期注意清除杂草。毛苕子长到30～35厘米时，进行刈割，留茬不低于10厘米，一年可刈割3～4次。2～3年后将整个生草带翻耕后再重新播种。

125. 怎样给猕猴桃喷施叶面肥？

叶面肥以阴天或晴天露水干后，或在下午4时至黄昏时喷施效果最佳。喷时应无风或微风。花前可喷施硼肥，果实发育期可喷施磷酸二氢钾、氨基酸钙等。果园植株缺乏微量元素时，可在新梢迅速生长期至果实膨大期喷施2～3次。

126. 为什么猕猴桃怕旱又怕涝？

猕猴桃根系分布浅，生长量大，蒸腾能力强，因需水量大，怕旱。果实膨大期长期干旱，会影响果实膨大和当年产量，严重时果实脱落。猕猴桃根系为肉质根，生长势强，其对氧气需求量大，涝害常导致根系供氧量不足，易使根系腐烂以至死亡，故猕猴桃也怕涝。

127. 猕猴桃主要树形是什么？

目前，常见的猕猴桃树形是单主干双主蔓、结果母枝羽状分布的标准树形。单主干上架，在架面上留两个主蔓交叉后分别沿中心铁丝向两个方向伸长，主蔓两侧每隔30厘米选留一个强旺结果母枝，与行向成直角固定在架面上，呈羽状排列。

128. 猕猴桃什么时候冬剪合适？

一般应在落叶后12月下旬至第二年伤流期前的1月下旬之间进行。过早，猕猴桃叶片未脱落，枝叶中的大量营养未回流至主蔓、主干和根部，剪去枝条造成营养浪费；过晚，树液流动后修剪，则出现伤流，导致营养损失。

129. 怎样选留猕猴桃结果母枝？

首先，选择靠近主蔓的芽眼饱满的中庸发育枝和结果枝；其次选择位置合适的徒长枝作结果母枝，芽眼饱满的短枝可用来补空。

130. 为何猕猴桃要进行夏季修剪？

夏季修剪又称为生长期修剪，在4 ~ 8月进行，包括抹芽、疏枝、短截、绑蔓、捏尖等。经过良好的夏季修剪，猕猴桃的新梢生长能得到很好的控制，并充实粗壮。及时清除直立徒长枝和其他不必要的枝叶，有意培养翌年后备结果母枝，改善树体和果园的通风透光条件，能提高产量和果实品质，减轻冬季修剪量，避免养分浪费，保证连年丰产。

131. 猕猴桃抹芽要注意什么?

抹芽主要在春季萌芽后20天左右进行，过早会引发伤流。主要是及时抹除砧木、主干、主蔓和大剪口等处不用的萌芽。枝蔓上萌发的双生和多生芽，只留一个最健壮的，其余全抹除。枝条上萌发直立向上的芽，除主蔓上枝条空缺可留用改造的芽之外，都应及早抹除。结果母枝或枝组上的芽，也应根据15 ~ 20厘米的间距，及早抹除密生、位置不当和细弱的芽。抹芽尽量在晴好天气进行，抹芽后要及时喷撒洒保护剂保护伤口。对于有溃疡病的园区，先抹无溃疡病的树体，再抹有溃疡病的树体，手或刀具要及时消毒。

132. 猕猴桃捏尖和零叶修剪如何操作? 有何好处?

捏尖是指当新梢生长至30厘米以上且长势旺盛时，对未封顶的新梢尖进行挤压，需进行3 ~ 5次，操作时切记不可将梢尖捏死。该法可控制枝梢过快延长，且对新梢伤害小、不刺激腋芽生长。

零叶修剪是对结果母枝最末端的或附近营养枝过密的结果枝，在果后不留叶直接短截，该操作可防止枝叶郁蔽，提高光照水平，且无二次梢生长。

133. 猕猴桃如何疏蕾？

侧花蕾已分离后开始疏蕾。先疏结果枝上的侧蕾，保留中心花蕾，再疏除基部的花蕾，最后疏顶部的花蕾。一般强壮的结果枝保留5～6个花蕾，中庸的结果枝留3～4个花蕾，短果枝留1～2个花蕾，畸形蕾、病虫蕾一律疏除。

134. 怎样给猕猴桃人工授粉？

猕猴桃人工授粉方法主要有对花授粉、点花授粉和授粉器授粉。

（1）对花授粉。是指把采集当天开放的雄花花药直接对着雌花的柱头轻轻摩擦进行授粉，每朵雄花可以对4～7朵雌花。该方法适宜小面积的果园。

（2）点花授粉。将收集的花粉，用毛笔、烟头或棉球蘸取点授于雌花柱头之上。

（3）授粉器授粉。是目前最流行的授粉方法，利用电池带动的授粉器（如授粉枪等），将混合好的花粉均匀送出喷嘴，对准雌花柱头不停移动进行授粉。该方法效率高，是大面积果园人工授粉的主要方式。

135. 猕猴桃花粉能保存多长时间？

在常温条件下，猕猴桃花粉一般最多贮藏15天即失去活力；在0～5℃低温干燥条件下，花粉生活力可维持60～150天，平均90天左右；在−18℃冷冻贮藏保存，花粉生活力可达360天。花粉是自花粉离开花药的24～28小时的生活力最高。

136. 怎样给猕猴桃疏果？

猕猴桃于谢花后10 ~ 20天开始疏果，首先疏去畸形果、病虫果。健壮结果枝保留4个果，中庸枝保留2 ~ 3个果，弱枝保留1 ~ 2个果。盛果园每平方米定果40 ~ 50个。

137. 贵州省猕猴桃果园主要发生的病虫害有哪些？

目前，贵州省猕猴桃果园常见病害为软腐病、溃疡病、花腐病、褐斑病、根腐病及膏药病等，主要虫害有小实蝇、叶蝉、介壳虫、蛾类、金龟类、叶螨等。

138. 为什么溃疡病是猕猴桃最严重的病害？

猕猴桃溃疡病是一种严重威胁猕猴桃生产的毁灭性细菌性病害，具有传播快、易暴发、传播范围广等特点，被列为全国检疫对象。猕猴桃溃疡病是一种低温、高湿性病害，传播途径主要是借风、雨、嫁接、农事活动等进行近距离传播，并通过苗木、接穗的运输进行远距离传播；主要侵害枝干、花、叶片（图4-3-7）。

图4-3-7　猕猴桃溃疡病

该病原菌多从衰弱的枝干芽基、皮孔、落叶痕、枝条分杈处及剪口或伤口处入侵皮层发病，继而侵染韧皮部、木质部，防治药物难以全面直接接触病原菌，造成防治困难。此病来势凶猛，流行年份致使全园濒于毁灭，造成重大经济损失。该病的发生，由于病原菌在枝干输导组织内大量繁殖，造成水分和营养物质运输不畅，严重影响植株生长。目前对该病无特效措施，不能完全根治，主要采取以预防为主、化学防治和农业防治相结合的综合措施。

139. 怎样综合防治猕猴桃溃疡病？

猕猴桃溃疡病在春季和秋季发病重，夏季高温发病轻。结合发病时期，需要综合防治。方法如下：

①加强植物检疫。严格产地检疫和调运检疫，防止疫情随种苗、接穗等异地传播。严禁从疫区引进苗木、接穗等一切繁殖材料。

②区域化适种适栽，选用抗病性强的品种，不在高海拔、低温、高湿的山地建园，减少树体人为造成的伤口或冻伤。

③减少越冬病源，加强栽培管理。果园重施有机肥并避免单纯施氮肥，平衡施肥，防止植株和土壤缺硼而形成藤肿病。冬季彻底清除田间枯枝落叶，集中烧毁，对园区发现的严重病树挖出烧毁，并对土壤消毒。选择果树休眠期进行修剪，并使用过氧乙酸或75%酒精消毒枝剪，以防剪口感染病菌。冬季修剪后用铜制剂、噻霉酮等涂抹树干，保树防冻。

④药剂喷雾防治。采果后和落叶后，立即喷施春雷霉素、四霉素、噻霉酮、中生霉素等细菌性杀菌剂。萌动期，全园喷药，药剂可选用3 ~ 5波美度石硫合剂，萌芽后用氯溴异氰尿酸、枯草芽孢杆菌制剂、解淀粉芽孢杆菌等药剂交替防治，对主干、枝蔓和叶片均匀喷施，每10 ~ 15天喷施1次，连喷

2 ～ 3次。

⑤刮治病斑。对发现有病斑的细枝和病斑已造成枝蔓环剥的粗枝，在病斑下20厘米剪除，剪口涂抹药剂；对病斑还未造成枝蔓环剥的粗枝，用刀刮去病斑至健康部位，并在附近纵划几道，涂药保护，涂药范围应大于病斑的2 ～ 3倍。药剂可选用春雷霉素、铜制剂等。必须将刮下的病残体或剪下植株带离果园，烧毁。所用工具在每次处理完一个感病枝蔓后，都应及时进行消毒。

140. 怎样防治猕猴桃根腐病？

猕猴桃根腐病为根部真菌病害，能造成根系皮层腐烂导致细根不发育，根系呈现光秃状，严重时整株死亡（图4-3-8）。一般由于栽种较深、土壤黏重、排水不良、施肥不当烧根等造成果园发病严重。防治方法如下：

图4-3-8 猕猴桃根腐病

①加强检疫，培养无病苗木。平地或地下水位高的果园要起垄定植苗木。

②在长时间降水或大雨后，要及时开沟排水，降低田间湿度，增加土壤透气性。

③黏性重的果园，通过增施有机肥或掺植物纤维料改良土壤结构。

④药剂防治。感病初期用40%多菌灵400倍液等灌根，每株1.5 ～ 3.0千克剂量灌根，每隔15天左右1次，连灌2 ～ 3次；

感病后，发生树体萎蔫，老叶干枯时，要回缩外围枝条，摘果，进行土壤处理。

141. 怎样防治猕猴桃褐斑病？

猕猴桃褐斑病是果园常见的真菌性病害之一，病原属交链孢霉属半知菌亚门，主要危害猕猴桃叶片，也危害果实和枝干。发病部位大多从叶缘开始，后沿叶缘向内扩展，形成不规则大褐斑。正常气候条件下，病斑外缘深褐色，中部浅褐色至褐色。在高温高湿条件下，病情发展迅速，病部由褐色变为黑色，受害严重时病叶大量卷曲、破裂、干枯，落叶满地。防治方法如下：

①在做好冬季清园的基础上，科学整形修剪，改善果园通风透光；加强水肥管理，合理负载，增强树势，提高树体抗病能力。

②药剂防治。猕猴桃芽萌动期全园喷洒3 ～ 5波美度石硫合剂、代森锌、丙森锌等药剂进行保护。发病期选用戊唑醇、苯醚甲环唑、丙环唑、腈菌唑、甲基硫菌灵等喷雾防治。

142. 怎样防治猕猴桃花腐病？

花腐病是猕猴桃开花期的一种重要细菌性病害，目前在世界各国产区均有发生，已成为重要的病害之一。花腐病主要危害花和幼果，严重时花蕾不膨大，花萼变褐，花蕾脱落，花丝变褐腐烂。防治方法如下：

①选择地势干燥、排灌条件好的地方建园；栽植密度适中，对大龄果园和过密果园应注意适度修剪或间伐，以便通风透光。

②平衡施肥，防止树体缺钾，增强抗病性。

③药剂防治。在冬季清园的基础上，猕猴桃芽萌动期全园喷洒3 ～ 5波美度石硫合剂，展叶期喷65%的代森锰锌500倍液

或铜制剂（如7%可杀得800倍液）等杀菌剂，结合溃疡病的防治，在开花前要重防。

143. 怎样防治猕猴桃软腐病？

猕猴桃果实软腐病是在果实后熟与贮藏过程中经常发生的一种病害，少数危害枝条。其主要发生在收获的果实上，多从果蒂或果侧开始发病，也有从果脐开始的，初期外观诊断困难（图4-3-9）。根据软腐病发生的规律，防治应从花蕾期消灭侵染源开始，重点抓好花后幼果期喷药。

图4-3-9 猕猴桃软腐病（王瑞提供）

防治方法如下：

①做好冬季清园工作，清除枯枝落叶。

②萌芽前喷1次3～5波美度石硫合剂，减少初次侵染源；重视果实生长期间的虫害防治，尤其是刺吸式口器的害虫。

③从谢花期开始至幼果膨大期，每隔20天左右1次，连喷2～3次，采收前1周再喷1次，效果更好。药剂包括80%甲基硫菌灵1 000倍液，或40%核菌净2 000～2 500倍液，或叶枯

唑、嘧霉胺等。

④幼果期结合喷药进行叶面喷施0.2%～0.3%钙肥2～3次，对降低病害的发病率效果明显。

144. 怎样防治猕猴桃介壳虫？

介壳虫主要以雌成虫和雄若虫群集在植物枝干上，以刺吸式口器吸取皮层养分，危害严重时可见分泌白色蜡粉，枝条表面布满灰白色介壳；严重时介壳重叠密集，使枝干表面凹凸不平，轻者削弱树势，重者猕猴桃全株死亡（图4-3-10）。防治方法如下：

①消除越冬雌虫，果树休眠期用钢丝刷刷掉枝条上越冬雌虫，剪除受害严重枝条并烧毁，喷洒矿物油。

②调整树枝密度，加强整枝修剪。

图4-3-10　猕猴桃介壳虫

③药剂防治。尽量选择在介壳虫若虫高发期且尚未产生蜡层或粉层之前进行防治。发生初期可选用40%甲维盐进行预防；发生中后期用240克/升螺虫乙酯3 000倍液（配合助剂哈速腾）、25%机油乳剂等进行喷雾。

145. 怎样防治猕猴桃叶蝉？

叶蝉别名小浮尘子，属同翅目叶蝉科昆虫，危害猕猴桃的叶蝉有20多种，叶蝉在猕猴桃果园发生普遍且危害较重。叶蝉以成虫和若虫刺吸猕猴桃叶片，受害后叶片呈现苍白斑点、发黄、干枯并提早脱落，树势衰弱、果实品质变劣。防治方法如下：

①在春季萌芽后，挂黄板诱杀。

②在若虫孵化期用阿维·印楝素或7.5%氯氟·吡虫啉微乳剂1 500 ～ 2 000倍液等，交替均匀喷雾。

146. 猕猴桃应该什么时候采收？

根据不同品种的生长发育周期，生理生化指标综合判断，一般要求猕猴桃的干物质≥15%、可溶性固形物≥6.5%（其中美味猕猴桃可溶性固形物≥6.5%，中华猕猴桃可溶性固形物≥7.0%）、种子呈黑褐色时即可进行采收。

147. 怎样采收猕猴桃？

采收猕猴桃应避免在晴天中午高温及下雨、大雾、露水未干时采收。采收时，采摘人员戴上手套，由树体下部至上部、外围到内膛，将果实从果蒂处轻轻掰下，然后轻轻放到底垫柔软材料的周转箱或篓内，尽量避免刺伤、压伤、撞伤果实。采收中剔除病果、虫果、日烧果、畸形果等不合格果实。

148. 采收后的猕猴桃要尽快入库吗？

采收后的猕猴桃不要直接入库，将装好箱的猕猴桃先放在阴凉的条件下放置24 ～ 48小时，进行愈伤预处理，经阶梯式降温至5℃预冷后，再入冷库或气调库贮藏。

149. 猕猴桃的加工产品有哪些？

猕猴桃除鲜食外，还可以加工成果汁、果脯、果酱、果酒、果醋、果冻等食品，且可提取猕猴桃籽油、果实黏胶和纤维等制作成附加值较高的软胶囊等深加工产品。

（四）蓝莓

150. 什么是蓝莓？

蓝莓（BlueBerry），又名越橘和蓝浆果，为杜鹃花科越橘属植物，呈灌木、多年丛生，种类不同树高差异大，一般树高0.3 ~ 5米，蔓越橘和红豆越橘树高0.3米，矮丛蓝莓树高达0.5 ~ 1米（图4-4-1）。蓝莓果实中间有个五角星状的花萼，早期北美洲人称之为“星星莓”。而在欧洲，如苏格兰称为“覆盆子”，在坎布里亚郡、约克郡称为“蓝莓”，在德文郡、萨默赛特郡称为“海德莓”（图4-4-2）。这些名称现在都统一为蓝莓。

图4-4-1　蓝莓植株

图4-4-2　蓝莓果实

151. 蓝莓有哪些营养成分及保健价值？

（1）营养成分。每100克蓝莓鲜果中含蛋白质400 ~ 700毫克、脂肪500 ~ 600毫克、碳水化合物12 ~ 15克、维生素A高达81～100国际单位，果实中除含有常规的糖、酸及维生素C外，还含有其他水果少有的特殊成分，如儿茶酸、SOD、花青素（苷）、脂肪及维生素E、黄酮等。

（2）保健功效。有助于增强人体免疫力、保护皮肤、预防近视、提高视力、降低血糖、增强心脏功能、延缓脑神经衰老和抗癌等。

152. 蓝莓有哪些形态特征？

蓝莓为杜鹃花科越橘属灌木，多年丛生，有常绿也有落叶，单叶互生，多数品种叶子革质或半革质，叶全缘或有锯齿，北方高丛蓝莓和大部分兔眼蓝莓品种在秋冬季叶片变红，随后脱落。蓝莓的树高差异较大，兔眼蓝莓树高3～5米，红豆越橘和蔓越橘树高0.3米，矮丛蓝莓高0.5～1.0米，高丛蓝莓树高1.2～2.0米。

蓝莓花多为总状花序，每个花序20～50朵，花瓣基部至顶部基本联合，顶部外缘4或5浅裂，花冠呈坛形或铃形筒状，花朵白色或粉红色，雄蕊8～10个，在花筒内、短于花柱，雌蕊柱头延伸至花筒口或略外露，靠昆虫或风媒授粉。成熟果实多数种类呈蓝黑色，也有的为红色，如红豆越橘和蔓越橘等，果实有球形、椭圆形、扁圆形或梨形，平均单果重0.5～5.0克。果肉多为白色、细软、多浆汁和纤维。种子黑色、细小，食用时可随果肉食下，不影响口感。

蓝莓无主根，根系浓密而纤细，分布浅，无根毛。蔓越橘和矮丛蓝莓以匍匐茎向外延伸扩展，萌生新的个体形成丛生种群，根系仅生长在腐殖质层。人工栽培蓝莓的根系分布深度一般在10～30厘米，根幅依土壤肥力条件而有显著差异，多数在0.5～1.5米，蓝莓根系无根毛，多数种类需要真菌浸染共生，再通过菌丝辅助吸收养分，供其生长。

153. 人工栽培的蓝莓有哪些种类？它们各有什么特点？

目前人工栽培利用的蓝莓主要有三大种类：即矮丛蓝莓、高丛蓝莓和兔眼蓝莓。近30年来，通过植物学家的努力，又将高丛蓝莓又培育出了适应耐寒和耐热气候区栽培的半高丛、北高丛和南高丛3个类型系列品种。

154. 矮丛蓝莓有什么特性？

矮丛蓝莓主要分布于美国东北部、加拿大以及北欧和我国东北等高纬度寒冷气候，年平均气温5 ~ 12℃的冷寒气候地区，能忍耐-40℃以下的极端低温，树高30 ~ 50厘米，有的树高可达1米以上（如黑龙江野生笃斯越橘）。目前，矮丛蓝莓主要以野生资源为主，人工栽培品种相对较少，在我国东北地区主要商业化栽培品种主要有美登，由加拿大农业部育成，中熟种，果实圆形，果粉多，有香味，树势强，丰产，在东北长白山地区栽培五年生平均单株产0.83千克，最高达1.59千克。

155. 半高丛蓝莓有什么特性？

半高丛蓝莓是高丛蓝莓与矮丛蓝莓的杂交种，树高为0.8 ~ 1.2米，适于我国休眠期较长、冬季7.2℃以下低温1 500小时以上的北方地区种植。在贵州麻江引种园，暖冬年份几乎不挂或极少挂果。在东北地区主要栽培品种有：①北陆（Northland），为早中熟种，是半高丛蓝莓栽培面积较大、表现较好的品种，北陆在贵州麻江成熟期为5 ~ 6月，遭遇雨季，不利采收；②北蓝（Northblue），为晚熟种；③北村（Northcountry）、齐伯瓦（Chippewa）和北极星（Polaris），为早中熟品种；④圣云（St.Cloud），为早熟品种。

156. 北高丛蓝莓有什么特性？

北高丛蓝莓原产北美温带至亚热带，年平均气温10～14℃的地区，树高1.5～3米，能忍耐−30℃极端低温，冬季需7.2℃以下的低温1 000小时以上，有的品种要求低温达800小时以上。该种类品种是以伞房花为主，自交受孕率高。我国栽培的北高丛蓝莓品种主要有：①莱格西（Legacy）、蓝金（Bluegold），为中晚熟品种；②伯克利（Berkeley）、蓝丰（Bluecrop），为中熟品种，是目前世界各国栽培较多、且长盛不衰的优良品种；③布里吉塔（Brigitta）、伊丽莎白（Elizabeth）为晚熟品种；④公爵（Duke）又称为都克、蓝源，为早熟品种；⑤埃利奥特（Elliott），为极晚熟品种。

157. 南高丛蓝莓有什么特性？

南高丛蓝莓树高通常为1.5～2.0米，适宜于冬季休眠期较短的长江以南及南亚热带地区栽培。多数品种要求7.2℃以下的低温在500小时以下。近年来，我国引进的南高丛蓝莓品种较多，主要栽培品种奥尼尔、密斯堤、夏普蓝等。因需要的低温休眠时间短、果实品质优良，所以，在我国南方大量栽培。近年来，贵州也有广泛栽培，主要品种有：①奥尼尔（O'Neal），早熟，丰产，果大或中等，风味佳，要求低温400～500小时。②夏普蓝（Sharpblue），树体健壮，早熟，果大，丰产，风味佳，要求低温300小时。③绿宝石（Emerald），1999年美国的弗罗里达大学选育的品种，树体生长健壮，半开张。四年生长可高1.5米，树冠直径1.1米。在贵州5月中下旬成熟，果实极大，蓝色，果蒂痕小且干，质地硬果实口味甜略有酸味。成熟期早，且较集中，产量高，抗寒、抗病抗虫能力强，是很有发展前途的南高优良品种。④密斯提（Misty），树体直立，生长势强，早熟,果实大而坚实，要求低温300小时。⑤蓝雨（Bluerain），果实中小粒，花青素含量高，树形开张，分枝能力较强，也适宜观赏栽培。⑥比洛克西（Biloxi），早中熟品种，果实中等大小，需冷量在400小时左右，该品种抗病性强，是南高丛蓝莓中有发展前景的品种。

158. 兔眼蓝莓有什么特性？

兔眼蓝莓原产美国佐治亚南部和佛罗里达北部。它是一个多型性种，要求年平均气温12 ~ 20℃，能忍耐-15℃极端低温，休眠期需要7.2℃以下的低温500小时以上，有的品种仅需300 ~ 400小时，适合我国南方地区栽培。兔眼蓝莓树高2 ~ 5米，树势旺盛。兔眼蓝莓果实中种子相对较多，且多数品种果粒中等，因此，鲜食口感欠佳。但由于它栽培适应性强，丰产，经济寿命长，它比高丛蓝莓更能适应广阔的栽培区域，加上它在长江流域尤其在贵州的成熟采摘期正值盛夏，避开了雨季，光照和热量条件好，多数品种花青素含量高，是蓝莓加工产品的良好原材料，所以在我国长江流域及贵州省黔东南、黔南主产区仍然受到青睐。

兔眼蓝莓的主栽品种有：①灿烂（Britewell），早熟品种，果粒中大，有香味，丰产性极强，适宜机械采收和作鲜果销售，是国内外主栽培品种之一，目前在我国南方也广泛推广；②顶峰（Climax），早熟品种，果粒中等大小，果粉少，果肉紧实，贮藏性好，适宜机械采收和鲜果销售；③芭尔德温（Baldwin），果粒中大，味微酸，极丰产，果实成熟采收期长，果粉少，适宜作加工原料；④园蓝（Gardenblue），中晚熟品种，适应性极强，树势直立，果实中小粒，味甜，有香气，口感佳，果皮硬，花青素含量极高，且花青苷种类也多，适用于花青素产品加工原料；⑤粉蓝（Powderblue），晚熟品种，树势强，果粒中等，大小均匀，肉质极硬，微酸，果粉多，有香味，贮藏性好，产量高，是近年来国内外主要推广品种；⑥梯芙蓝（Tifblue），中晚熟品种，果实中大粒，淡蓝色，果肉紧实，风味佳，耐贮藏，对土壤适应性和丰产性均较强，果实质量好；⑦蓝宝石（Bluegem），早熟品种，果粒中大，甜酸中等，有特殊香味，果粉多，果肉紧实，贮藏性好，适宜于机械采收；⑧巨丰（Dellite），中晚熟品种，果粒中大，果粉多，味甜，香味好。

159. 蓝莓不同品种的生长、开花和结实有什么特点？

蓝莓在一个生长季节内可有多次生长，以二次生长较为普遍。在我国南方，蓝莓一年有两次生长高峰，第一次是在4～5月，第二次是在7月中旬至8月中旬。幼苗栽植后第三年生长明显加快，新枝萌发多并生长旺盛，年生长量可达1米以上。当年生枝顶端多形成花芽，花芽从顶端向下进行分化，每一枝条可分化的花芽数与品种和枝条粗度有关，高丛蓝莓一般4～7个，兔眼蓝莓3～6个；花芽在节上以单生为主。各种类蓝莓的花芽分化期不同，矮丛蓝莓和高丛蓝莓在7～8月开始分化，兔眼蓝莓从7月中旬开始。从形态上看，蓝莓花芽肥大，呈椭圆形或近球形。花芽以下是窄尖的营养芽和休眠芽。

蓝莓的开花期因气候和品种有明显的差异，一般蓝莓在我国南方长江流域3月上中旬开花，北方为5月开花；花期一般

15 ～ 20天，最长达40天。花在一个伸长的轴上着生，构成总状花序。花开的同时营养芽开始发育成营养枝，营养枝生长到一定程度（长度不等）便停止生长，顶端最后一个细尖的幼叶变黑成“黑尖”，“黑尖”在2周左右脱落，至2 ～ 4周后，位于黑尖下的营养芽长出新枝，并具有顶端优势，即实现转轴生长，这种转轴生长在南方一年有3 ～ 5次。夏季最后一次新梢上紧挨“黑尖”的一个芽原始体逐渐增大发育成花芽，占据了顶端的位置。从枝顶花芽往下还能形成多个花芽，第二年春季开花并结果。其下的营养芽发育成营养枝，结过果实的短小枝秋后逐渐干枯、脱落。

高丛蓝莓和矮丛蓝莓一般自交可孕，但可孕程度在品种间有明显差异；而兔眼蓝莓大多数品种自交受孕率不高。蓝莓的花受精后，子房迅速膨大，大约一个月后增大趋于停止，之后浆果保持绿色，体积稍有增长。当浆果进入变色期与着色期后，浆果增大迅速，可使果径增长50%。在着色以后，浆果还能再增长20%，且甜度和风味变得适中。蓝莓同一果穗上的果实不同时成熟，果穗顶部、中部的果实先成熟，高丛蓝莓在长江以南及贵州，成熟时间一般在5 ～ 6月，正逢南方雨季。高丛蓝莓在北方胶东半岛露地栽培是7月成熟。同等条件下，兔眼蓝莓要晚20 ～ 30天成熟，同一品种和同株树上的果实成熟期一般在30天左右。在贵州麻江和江苏南京，兔眼蓝莓早熟品种6月中旬开始成熟，晚熟品种7月上中旬开始成熟。

160. 全球蓝莓产业发展情况如何？

全球蓝莓主产区主要集中在北美、南美、欧洲、亚太地区。此外，地中海、北非、撒哈拉以南非洲也有小规模种植。全球前十大蓝莓主产国分别是美国、智利、加拿大、中国、西班牙、阿根廷、波兰、秘鲁、墨西哥、摩洛哥。自蓝莓商业化栽培以来，到2015年以前的几十年时间，北美地区的加拿大和美国是全球蓝莓的主产区，总面积近100万亩，面积和产量均占世界总量的60% ~ 70%，到2016年以后，逐渐发生改变。据近十年（2006—2016）的数据显示，全球蓝莓发展形势每年基本呈梯级增长趋势，其中亚太地区几乎呈几何级倍数增长。至2018年年底全球蓝莓人工栽培总面积约300万亩，增长最快的是南美洲和亚太地区的中国，中国的栽培总面积已超过美国。

161. 中国蓝莓产业发展的状况如何？

2017年中国蓝莓种植面积已增长至70.3万亩，总产量增加至11.5万吨，全国34个省（自治区、直辖市）均有蓝莓的栽培试验示范，主产地集中在贵州、山东、辽宁、黑龙江、吉林、浙江、江苏、湖北、四川、云南、安徽等地。

在蓝莓的市场消费方面，中国市场对于高品质蓝莓的需求逐年加大，2010—2016年，中国蓝莓鲜果的进口量由最初的194吨，增加到8 700吨，增加了45倍，其中智利占总进口量的85%。目前已有智利、加拿大、秘鲁和墨西哥签署了蓝莓鲜果进口许可。

总体来看，中国正成为国际化蓝莓生产和市场消费国家，国际浆果巨头纷纷进入中国布局蓝莓生产，例如，美国Driscoll’s和澳大利亚Costa在云南发展基地，生产鲜果供应中国市场；2017年英国SA Berry Group也在云南布局蓝莓生产等。国际浆果巨头的进入，一方面开始倒逼国内生产企业的技术改造与质量升级，另一方面也吸引了大型企业和资本强力介入中国蓝莓产业，如茅台集团、海升集团、联想佳沃、汇源果汁等，预计到2026年，中国或将超越北美地区（美国和加拿大）成为世界蓝莓生产第一国。

162. 贵州发展蓝莓产业有什么优势和不足？

贵州省从2000年春开始引入蓝莓进行种植试验，近20年来全省9个州市近80个县区均有种植，总面积达22.45万亩，产量达7万多吨，成为全国最大的蓝莓生产省，规模和产量占全国的1/3。产业覆盖全省200多万人口，产业链从业人员达10万余人，年综合产值达50亿元以上，在国内已形成有规模、有地位、有国际影响力的山地浆果产业。目前，黔东南州西部的麻江、丹寨、黄平、凯里等县市是贵州省蓝莓的主产区，其规模占全省的60%以上，产量占80%以上。除黔东南外，遵义、黔南和安顺、贵阳等地近年来也在加快发展。

贵州发展蓝莓产业有几个优势：一是酸性土壤规模大，凡生长杜鹃花、映山红的地区都适宜蓝莓生长；二是贵州发展蓝莓有近20年历程，有一定的群众基础和科技支撑能力；三是贵州各地气候条件均能满足蓝莓生长发育，可种植不同种类的蓝莓；四是在贵州主产区每年聚集来自全国各地的收购商，已形成蓝莓规模交易市场。因此，利用贵州山地资源，通过坡地退耕还林、荒山改良造林等方式发展50～80万亩蓝莓，对贵州乡村振兴和生态建设均具有重要意义，前景良好。

不足之处：一是贵州是山区，地势起伏大，便携式山地农机具研发滞后，劳动力成本将越来越大；二是贵州省大部分地区处于云贵高原向湘桂丘陵过渡的斜坡地带，受冷暖气流影响，日照时数少，春夏季光照不足，不适宜规模化发展早熟、食鲜的高丛类蓝莓，适宜发展7～8月成熟的加工类型蓝莓。

163. 适合贵州省种植的蓝莓种类和品种有哪些？

由于贵州地势起伏大，小气候环境多样，全省都适宜种植蓝莓，其中在海拔800米以下适合种植南高丛和兔眼类蓝莓品种，在海拔800米以上适合北高丛、南高丛和兔眼类蓝莓品种。

（1）北高丛蓝莓。北高丛蓝莓品种主要有：莱格西（Legacy）、蓝丰（Bluecrop）、布里吉塔（Brigitta）、公爵（Duke，又称都克）、蓝金（Bluegold）、埃利奥特（Elliott）、伊丽莎白（Elizabeth）、蓝源（blue south）。

（2）南高丛蓝莓。南高丛蓝莓品种有：奥尼尔（O'Neal）、夏普蓝（Sharp Blue）、密斯提（Misty）、海岸（Gulf Coast）、南大（south big）、蓝雨（Bluerain，即蓝美1号）、比洛克西（Biloxi）。

（3）兔眼蓝莓。兔眼蓝莓品种有：灿烂（Britewell）、顶峰（Climax）、芭尔德温（Baldwin）、园蓝（Gardenblue）、粉蓝（Powderblue）、梯芙蓝（Tifblue）、蓝宝石（Bluegem）、巨丰（Dellite）。

164. 蓝莓对土壤的要求是什么？

土壤酸碱度和有机质含量是蓝莓栽培成功的关键。蓝莓要求土壤呈强酸性条件，最佳条件是土壤pH在4.3～5.6。高丛蓝莓要求土壤pH在4.0～5.5，最佳为4.3～5.0。兔眼蓝莓对土壤酸度的适应范围宽一些，即pH在4.2～6.0，最佳范围是pH在4.5～5.5，当pH在6.0以上时，产量和生长量都大大降低，而且缺素症状也明显。土壤pH是兔眼蓝莓获得丰产的重要因素之一。

另外，蓝莓要求土壤有机质含量达5%以上，高丛类蓝莓要求更高，须达到10%以上。因此，种植蓝莓要选择土壤酸性、疏松、富含有机质而且排灌条件良好的地方，若是山地要尽量选择南向坡中下部。立地类型以荒山地、低产松林改造地最佳，近几年国内很多地方都通过改良耕地栽培蓝莓，如旱耕地、稻田等。

165. 蓝莓对气候条件的要求是什么？

蓝莓要求一年中要有160天以上的生长期和一段时期的低温休眠。但各种类蓝莓对低温时期的要求有所不同，北高丛蓝莓需要800小时以上的7.2℃以下的低温时间才能顺利通过休眠，有一些品种需1 000小时以上。兔眼蓝莓需要400小时以上的7.2℃以下的低温，有的品种只需300小时以上，短于高丛蓝莓，因此，适宜在我国长江以南区域栽培。南方高丛蓝莓仅需200小时以上的低温休眠期。无论哪类蓝莓均需要一定的低温期，若低温时间不能得到满足，就会影响花芽分化，开花不齐或花期延长等。另外，由于蓝莓花结构的特殊性，我国南方早春长时间的阴雨天气使蓝莓无法正常授粉，对产量影响极大。2014年3～4月，贵州遭受百年不遇的持续阴雨天气，使麻江县的蓝莓遭受严重减产。

166. 种植蓝莓对整地和定植株行距有什么要求？

土壤酸性且疏松透气是蓝莓栽培成功的关键。园地整理最理想的时间是在夏季到秋冬季种植前，主要是要清理土壤中遗留的杂草，切忌挖坑种植蓝莓。平地：可用农机具深翻0.4～0.5米、然后起垄建厢，如果排水不良，四周要开建排水沟，种植行建高垄厢。种植行宽2.5米，在行间起垄厢宽1～1.5米、垄厢高40～50厘米。地势较平缓的农耕地或稻田也可以采用定植沟整地，规格为沟宽0.6～0.8米、沟深0.4～0.5米，定植沟挖好后，沟底施入农家（粪草）肥或作物秸秆等，将挖出来的表土回填入沟中下部，泥炭土或松林下的腐殖土与挖出的剩余泥土混合后施入定植沟上部，并高出地面40 ～ 50厘米。贵州农耕地的土壤pH在6.0 ～ 6.8，需要施入硫黄粉降低pH，施用量为旱地每亩25 ～ 30千克，稻田每亩40 ～ 60千克，在整地时均匀撒入土壤中充分混合后回填。

在山坡地建园种植，采取先开挖成2.5米宽的环山水平带，然后再深翻带面土壤，深度为0.4 ～ 0.5米，土壤中掺入粉碎的松树皮、泥炭土或松林下的腐殖土等混合均匀起垄建厢，垄厢高出地面30 ～ 40厘米。

在贵州由于气候温暖湿润，蓝莓生长量大，高丛类蓝莓定植株距为0.6 ～ 1.0米，行距2.5米；兔眼蓝莓树丛高大，长势旺，定植株距为0.8 ～ 1.2米，行距2.5 ～ 3.0米。

167. 种植蓝莓怎么选择种苗？

蓝莓建园栽植的种苗应选择苗高50厘米以上、根系发达、有2个以上分枝的、二年生以上的健壮苗木，根系完整的裸根苗和直径1.5厘米以上的容器苗均可以。选择蓝莓种苗最重要的是品种要纯正，要向有信誉的大型专业苗圃场或科研单位的苗圃场进行购买。随着产业发展加快，大大小小的苗圃应运而生，品种混杂，商品性不清，增加了种植者的风险。因此，建议咨询行业专家，要了解苗圃的技术档案情况，知道品种的特性。

168. 蓝莓适宜的种植方法是什么？

种植时间：以秋季至早春萌动前的雨后晴天或阴天种植为宜，秋季10 ～ 12月种植对翌年蓝莓生长有利。

种植方法：浅栽、覆土压实、平茬。将裸根苗直接置于垄厢上（容器苗必须将根球撕开），根系四周用腐殖土或发酵完全的农家肥与草炭土1 ：1混合的基质覆盖5 ～ 8厘米，轻轻提动幼苗，让其根系舒展，再用泥土覆盖5 ～ 8厘米后踩紧压实，之后再覆盖5 ～ 8厘米泥土即可，做到“三覆一踩一提苗”（图4-4-3）。秋季幼苗种植好后，于12月底前将地上部分保留5 ～ 8厘米后，剪除以上枝条，称为平茬，平茬后有利于蓝莓近地面基部均匀萌发新梢，促进树冠形成。

图4-4-3　标准化栽植蓝莓幼树

异花授粉是提高蓝莓产量的重要因素之一。异花授粉可使高丛蓝莓的坐果率从67%提高到82%，使兔眼蓝莓从18%提高47%。因此，在规模蓝莓种植园内尽量配置两个以上品种相互授粉，以提高产量和品质，采取块状配置或种植行间隔配置均可，即两个品种多行相互交替区块种植。

169. 如何控制蓝莓园杂草？

蓝莓栽植较浅，须根均在表土层，因此不适宜用锄头铲除杂草，更不能使用除草剂。控草措施：一是使用割草机除草；二是用植物残体覆盖地面防治杂草，如粉碎的松树皮、松针和枯枝落叶、作物秸秆等覆盖园地；三是用园艺地布覆盖，控制杂草的效果显著。

170. 地面覆盖控制杂草有什么好处？

首先有利于保持土壤湿度，缓冲土壤温湿度的骤变，保护根系，预防旱灾；其次，有利于使土壤pH维持在较低水平；第三，可增加土壤有机质和肥力，减少缺素症，促进蓝莓生长和增产；第四，防止杂草效果好。在大面积种植蓝莓时，难以用植物残体覆盖，最有效的措施是种植蓝莓后全园播撒低矮绿肥，如白三叶、红三叶等豆科植物，三年后可覆盖园地，效果良好。

171. 蓝莓需要施什么肥？

蓝莓根系无根毛，需要与菌根真菌共生，并通过菌根吸收土壤中的养分，而共生真菌对化肥很敏感，化肥常导致蓝莓根系死亡。因此，蓝莓园施肥主要用有机肥和腐熟发酵的有机质或农家肥等，化肥用量极少。由于蓝莓对化肥要求量相对较少，根部也很容易被过量化学物质损害，如果栽种时有机肥或土壤有机质含量高，种植后的第一个春季不用施肥，秋季可施一定量的酸性有机肥。随着植物的生长，树丛增大，每年根据树丛长势施入肥料。

172. 蓝莓园施肥应注意什么技术要点？

蓝莓是浅根性植物，根系处于表土层，不适宜开沟施肥。施肥要点是：秋季10 ～ 12月在蓝莓种植行树丛下，均匀撒施发酵的农家厩肥或有机肥，然后取行间的泥土覆盖在肥料上3 ～ 5厘米，翌年3月再用园艺地布覆盖，防控杂草即可。用量为：四年生以上结果树丛每株施用量5 ～ 10千克，根据树体的长势情况，每1 ～ 2年施1次。切忌开环状沟施肥。

173. 蓝莓修剪的要点是什么？

蓝莓种类及品种不同，其生长习性不相同，修剪方法有差别。蓝莓修剪的目标是通风透光，要点是剪除树丛下部丛生枝、下垂枝、衰弱枝，让其树丛下部通风顺畅；剪除树丛内膛重叠枝干和交叉枝，使树丛能全面透光。不同的种类和不同生态区域栽培的蓝莓，其修剪时间有差异。在贵州省海拔600米以下的生态区，高丛蓝莓5月成熟采收后，肥水充足的园地可立即进行修剪，促进新枝生长和结果枝的形成。对于海拔800米以上的区域，高丛蓝莓一般6月中旬才采收结束，常发生夏秋干旱和高温天气，不适合夏季修剪，应在秋季修剪。贵州省兔眼类蓝莓在7 ～ 8月成熟采收，在蓝莓果实采摘完一个月后便可以开始修剪，即10 ～ 11月修剪。

174. 幼龄树和成龄树的修剪方法有什么区别？

对蓝莓幼龄树，应轻度修剪，随着树丛扩大，修剪程度不断增加。种植的第一年，将接近地面的弱枝、下垂枝剪除；种植后的第二年，生长良好的幼树高度可达60厘米以上，此时也是将下部弱枝、下垂枝和多余的交叉重叠枝剪掉；种植后的第三年，植株树冠结构基本形成，这时蓝莓挂果结实量增大，修剪上要把树丛中央过密、重叠遮光的多余枝干或枝条进行疏剪，使树丛通风透光均匀，确保翌年果实产量和质量（图4-4-4）。蓝莓种植第四至五年后进入盛果期，盛果期成龄树丛的修剪主要是去除树丛中下部的衰老枝干、下垂枝和树丛内膛中央的主干枝，使树丛达到通风透光条件（图4-4-5）。蓝莓树丛上部30厘米及以上的中长枝结果量大，果实的品质优良，修剪时应尽量保留。

图4-4-4　幼龄树修剪前后对比

图4-4-5　成龄树修剪前后对比

175. 蓝莓园常见的虫害主要有哪些？

蓝莓园常见虫害主要有果蝇、金龟子幼虫蛴螬、毒蛾、刺蛾、大蚕蛾、天牛等，危害蓝莓叶、果、枝干及根系。目前，贵州省蓝莓产区果蝇和蛴螬危害最为严重。

果蝇是国际性的主要害虫，它的危害是成虫将卵产在成熟蓝莓果实中，卵孵化的幼虫取食浆果汁导致果实无商品性，且不容易被发现。除蓝莓外，也危害樱桃、杨梅等。

蛴螬是金龟甲总科幼虫的统称，属于地下害虫，蛴螬啃食蓝莓根系，严重时蓝莓只剩主根，致使蓝莓叶片发黄、枯萎直至植株死亡；判定是否蛴螬危害，在观察到泛黄树叶时，初步推断有可能是蛴螬危害初期，但需进一步确认，挖出根部土壤，观察是否有蛴螬幼虫，或须根是否有被咬食的痕迹及主根皮是否有被啃的痕迹，若观察到幼虫或须根被咬食及主根有被啃的痕迹，可以判定是蛴螬危害（图4-4-6）。

图4-4-6　蛴螬形态与危害

176. 蓝莓园常见的病害主要有哪些?

蓝莓园常见的病害主要有灰霉病、白粉病、霜霉病、僵果病、茎干腐烂病，但在贵州并不严重。有时种植户往往把蓝莓缺素症（如缺铁、钾、镁等微量元素而导致叶片变色）和化肥危害等误认为是病害。不同蓝莓种类和品种对病害的抗性有明显差异，高丛蓝莓的抗性明显低于兔眼蓝莓，如高丛蓝莓达柔（Darrow）易感染根腐病和茎干溃疡病。

177. 对蓝莓主要虫害应采取什么防控措施?

果蝇是危害蓝莓果实的害虫，果蝇危害发生于蓝莓果采摘期间，因此，尽量避免施用药剂，对果蝇的防治宜采取降低果蝇基数的措施，即覆盖透气反光膜，清除果园内受害果、落地果、腐烂果蔬（蓝莓及其他水果蔬菜），因为这些果蔬均是果蝇的食物源和种群繁殖的场所，此举可有效减少果蝇的种群数量；另外，悬挂糖醋液诱杀，亦可降低果蝇种群数量，在蓝莓成熟前10 ～ 15天，将糖醋液诱捕器垂直悬挂在健壮的枝条上，诱捕器底距离地面1.0 ～ 1.2米，每亩散布挂30瓶，定期清除诱捕器内成虫，每周添加、更换糖醋液。若果蝇暴发，可考虑用安全间隔期短、安全的药剂进行喷施。

防控蛴螬采取“地下地上、园内园外结合防治”的措施。一是园内外设置防虫网拦截产卵成虫；二是施用充分发酵后的有机肥和农家肥；三是用白僵菌与肥料混合施入土中；四是园地覆盖透气反光膜，改变害虫产卵的习性和环境，驱逐产卵成虫，从而达到防控目的；五是在5月上旬开始每30亩地左右可安装1个频振式杀虫灯或黑光灯；在每年7月底用48%毒死蜱1 000倍液灌根。

（五）桃

178. 桃产业现状是什么样的？

我国是桃生产大国，面积约1 200万亩。近10余年来，我国桃面积和产量均占世界的40%～50%，其他主要桃生产大国有意大利、西班牙、美国、希腊、伊朗、土耳其、埃及、印度等。国内桃生产主要大省有山东、河北、河南、陕西、湖北、江苏等。贵州桃面积在逐年增长，2018年达98万亩，各县（区）均有种植。

179. 桃果实有什么营养价值？

桃果肉营养丰富，兼具一定的医疗功效，果肉富含蛋白质、脂肪、碳水化合物、膳食纤维和多种维生素，以及钙、铁、锌、镁、钾、磷、钠、硒等矿质元素。

180. 桃按生态类型分哪几个品种群？

世界上有3 000余个桃品种，我国有1 000个以上。桃按生态类型分有3个品种群：北方品种群、南方品种群、欧洲品种群。

181. 桃生产上常划分为哪几个类型？

（1）按生产应用通常分为普通白肉桃、黄桃、油桃、蟠桃、观赏桃。

（2）按果实成熟期分为特早熟品种、早熟品种、中熟品种、晚熟品种、特晚熟品种。其他还包括按肉质、果肉颜色、粘离核等方法划分的。

182. 贵州地区选择桃的品种时，需要注意哪些问题？

（1）贵州不同地区小气候差异比较大，在品种选择上，根据区域气候特点选择那些气候相似性较高地区来源的品种比较容易成功，应先经过试种成功后再推广。

（2）低海拔地区不宜选择高需冷量的品种。

183. 贵州省露地种植早熟品种桃有什么优势？

（1）成熟期早。贵州早春气温回升比北方快，尤其是南部和西南部，一般同样的品种和种植方式，成熟期较北方早约20天。

（2）一些特早熟品种果实成熟期可避开高温多雨的夏季，果实不易裂果、病虫害少。

184. 适宜贵州省种植的桃优良品种有哪些？

（1）早熟桃优良品种有春美（图4-5-1）、春雪（图4-5-2）、桃红玉（图4-5-3）、霞辉6号（图4-5-4）、锦香等品种。

（2）中熟桃优良品种有锦绣（图4-5-5）、湖景蜜露（图4-5-6）、玉妃（图4-5-7）、花玉露等。

（3）晚熟桃优良品种有锦花（图4-5-8）、迎庆桃等品种。

图4-5-1　春　美

图4-5-2　春　雪

图4-5-3　桃红玉

图4-5-4　霞辉6号

图4-5-5　锦　绣

图4-5-6　湖景蜜露

图4-5-7　玉　妃

图4-5-8　锦　花

185. 桃需冷量指的是什么？对生产有什么指导意义？

桃需冷量指其进入休眠后，需要在7.2℃以下连续达到一定的小时数才能通过休眠，保证树体正常形成花芽。桃多数品种需冷量在600 ～ 1 200小时，只有少数品种需冷量低至200小时左右，贵州西部、南部低海拔地区应选择低需冷量品种。

186. 贵州本地育桃苗有什么好处？

①可以减少苗木的运输成本和苗木损坏的风险。

②可降低外地购苗带来的本地没有的检疫性病虫害风险。

③采用本地野生毛桃作为砧木可避免砧木适应性差的问题。

187. 如何选购桃苗？

①供苗方相关证照手续要齐全，如检疫证、合格证、苗木标签等。②品种纯度要达到95%以上。③最好选择一、二年生苗木，高度80厘米以上，粗度0.6厘米以上。④苗木根系发达，侧根数量4根以上。⑤植株健壮，没有根瘤、根结线虫、介壳虫等病虫害。

188. 桃树建园时如何选地？

园地宜建在坡度5°～ 25°、地势平缓、土层厚度1米以上、土壤有机质含量1%以上、地下水位1米以下、土壤pH在5.5 ～ 7.5的向阳坡地，避免选择种植过桃、李、樱桃等核果类果树的地块，以及倒春寒、冰雹、涝害和泥石流等自然灾害频发区域。

189. 山地桃园如何规划？

（1）总体规划。小区划分、道路及排灌系统设置、分级包装车间建设等。平地及坡度在6°以下的缓坡地，栽植行向为南北向。坡度在6°～25°的山地、丘陵地，栽植行向沿等高线延伸。

（2）道路规划。果园的道路系统由主路、干路、支路组成。主路要求位置适中，贯穿全园，便于运送产品和肥料。主路可以环山而上或呈Z形，宽度5～8米。干路沿坡修筑，宽度4～6米。支路可以根据需要顺坡修筑，顺坡路宜设在分水线上、不设在集水线上，以免塌方，宽度2～4米。

（3）灌溉与排水。果园灌溉系统，要根据地形、水源、土质、蓄水、输水和园内灌溉网进行规划设计。灌溉系统主要包括水源（蓄水和引水）、输水、配水和灌溉渠。易积水的低洼地段设计顺坡或水平方向的排水渠、深度50～80厘米，保证雨季排水顺畅；山洪易发地区在山洪来源方向的桃园边缘设计山洪渠。

190. 桃树种植坑挖多大合适？

种植坑大小一般为80厘米×80厘米×80厘米，在沙石较多的瘠薄地块可适当加大，肥沃土壤可适当减小。

191. 桃树种植坑开挖和回填需要注意哪些问题？

①贵州很多地区土层薄、土壤紧实，挖坑时需要将肥土（表层土）和瘦土（下层心土）分开，回填时尽量只用肥土和有机肥或农家肥。②树坑在种树完毕后，回填土高于周围10～20厘米，防止回填土下陷后坑内积水。③苗木种植时，回填土不能超过嫁接口。

192. 贵州省桃树主要采用什么树形？怎么培养？

（1）Y形。桃苗种植后，离地50 ~ 80厘米定干，培养2个主枝，树形呈Y形。定干时留2个以上饱满芽，萌发新梢长达30 ~ 40厘米时选留2个生长健壮、方向垂直行向的新梢作为培养的主枝，疏去其他竞争枝。主枝上留2 ~ 4个新梢作为辅养枝，当辅养枝长度超过30厘米时，对其加以摘心控制其生长；当主枝生长每超过40 ~ 50厘米时进行摘心一次，促发副梢。主枝与主干延长线夹角20° ~ 60°，机械应用多的果园角度宜小，人工劳作为主的果园角度宜大。主枝直接留结果枝或小型结果枝组。

（2）3 ~ 4主枝开心形。定干高度50 ~ 80厘米，剪口的新梢长到30厘米左右时选留3 ~ 4个生长健壮、方向均匀分布的新梢作为培养的主枝，其他竞争枝进行摘心、扭梢处理控制其生长为辅养枝。主枝粗度2 ~ 3厘米时用拉枝的方法将分枝角度控制在40° ~ 60°，机械应用多的果园角度宜小，人工劳作为主的果园角度宜大。

193. 贵州省桃树株行距多少合适？

桃树一般采用宽行窄株方式种植，株与株之间距离主要根据树形确定，Y形树株距2米左右，3 ~ 4主枝开心形株距3 ~ 4米，行距最好都达到5米以上。山地建园梯台地要因地制宜，根据地形可适当调整。

194. 桃树整形修剪有哪些方法？

桃树常用整形修剪方法有短截、疏剪、拉枝、回缩、甩放、摘心、剪梢、抹芽、断根等。

（1）短截。指剪去落叶后一年生枝一部分的剪截方式。

（2）疏剪。把枝条从其基部分枝处全部剪除。主要应用于扰乱树形枝条的修剪。

（3）拉枝。将较为直立或分枝角度小的枝条用绳索拉成一定的角度并加以固定。

（4）回缩。将多年生枝条从其中下部一个强壮的一年生分枝处疏剪去前端的部分，再对剪口处留下的分枝进行中度短截。

（5）甩放。对保留的枝条不进行任何短截的一种方法。

（6）摘心、剪梢。在生长季节将正在生长的新梢前端幼嫩部分手工摘除的称为摘心，或用剪刀剪除称为剪梢。

（7）抹芽。指在芽萌发后、长度3厘米以内将其抹除的方法。

（8）断根。在距离主干一定距离的地面开挖壕沟，切断暴露的骨干根，晾根几天，再在沟中施入有机肥或进行回填。

195. 桃树长枝修剪在贵州省应用有哪些优势？

长枝修剪是一种采用疏剪、长放手法保留的一年生果枝的冬季修剪技术，而传统的冬季修剪技术以短截为主。贵州种植的桃树往往生长量大，相对于短截为主的桃树冬季修剪技术，长枝修剪可以起到缓和树势、抑制过旺生长，具有节省劳动力、留枝量少、树体结构简单、技术易学易用等优点。

196. 桃树种植是否需要配授粉树？如何配置授粉树？

①花粉败育品种，必需配授粉树。如锦香、西尾。

②授粉品种与主栽品种一般按（4～5）：1配置。如都可

作为主栽品种可等量配置。

③可采用中心式或行列式配置。中心式是将授粉品种栽植在主栽品种中间。行列式采用授粉品种和主栽品种按比例成行种植。

197. 如何管理好幼龄桃园杂草？

①幼树期间通过清耕或地布覆盖的方式抑制树盘内的杂草，行间只要不影响树体光照和生长空间或不影响果园劳作，可不用刈割。但高秆的草种和攀缘性或缠绕性草种必须去除。

②选用浅根性草种如紫云英、光叶紫花苕等，进行人工种草，来抑制其他恶性杂草的生长。

198. 贵州省桃园可选用哪些绿肥？

贵州桃园可选用绿肥种类有紫云英、光叶紫花苕、箭舌豌豆、印度豇豆、黑麦草、百喜草、三叶草等。

199. 桃园种植绿肥什么时期播种比较适宜？

桃园在落叶前种植绿肥，萌芽后可充分利用园内较好的光照条件，建议在秋季杂草种子成熟前翻土，结合秋施基肥时，适时播种绿肥，在桃树落叶时绿肥基本能覆盖地面。

200. 桃树如何施基肥？

①桃树基肥以有机肥或农家肥为主，施肥时期一般在9～10月。

②在施肥量方面，农家肥按照“斤果斤肥”的比例施用或每亩施1 500 ～ 3 000千克，或商品有机肥每亩施用300 ～ 500千克。

③一般的施肥方法以沟施为主，在树冠投影范围内集中施用。距树干1米左右向外至树冠外缘，挖4 ～ 6条放射状沟，或沿树冠外缘挖环状沟，有机肥料沟深30 ～ 50厘米，肥料和土混匀后覆土。

201. 桃树基肥秋施与冬施或春施有什么差别？

桃树基肥秋施，根系处于当年第二次生长高峰期，伤口愈合快、生长快，肥料能够被有效利用、促进花芽的分化；冬施不利根系伤口愈合；春施反而促进生长季枝条的生长，增加修剪的负担。

202. 桃树如何追肥？

①幼树生长季每月追施氮肥为主的肥料1 ～ 2次，可选用0.3%尿素加0.2%磷酸二氢钾浇施。

②结果树在果实膨大期每亩土施高钾复合肥30 ～ 60千克。桃树不宜施用含氯复合肥。可结合病虫害防治，叶面喷施0.2%磷酸二氢钾等叶面肥。

203. 桃结果树如何修剪？

①结果期桃树据品种特点与目标产量（单位面积或单株产量）培养更新枝和留足结果枝。每亩留枝量5 000 ～ 8 000条，最多不超过1.5万条。

②注重夏季修剪。主要针对当年生新梢进行，采用疏剪的

方法疏除过密枝梢和无用的徒长枝；采用摘心或剪梢的方法对长度超过50～60厘米绿枝去除其1/3或1/4的顶端部分；采用剪梢的方法在6月上旬对光秃部位徒长枝或强壮枝进行处理，促发并培育中庸结果枝。

③冬季修剪主要针对病虫枝、细弱枝、交叉枝、重叠枝、多余的结果枝等进行疏除，冬剪后用伤口保护剂对大枝剪口进行保护，防止流胶。

204. 桃如何疏果？

①疏果时间谢花后20天左右进行，晚熟品种最迟可到谢花后50天。

②疏掉畸形果、并生果、小果及病虫果，一般长果枝留果3～4个，中果枝留果2～3个，短果枝留果1个。果实之间距离10～20厘米。

③在贵州地区桃的幼果期常发生冰雹，疏果注意要留有余地。

205. 桃如何套袋？

①桃是否需要套袋应根据品种、生产实际需要来确定。一般晚熟品种需要套袋，早熟品种和不着色品种可不套袋。

②套袋一般结合疏果和病虫害防治进行，在最后一次疏果后2～3天内，先喷一次杀虫杀菌药再套袋，时间在5月上旬之前完成。

③果袋用黄色或白色单层袋，或用内深色外浅色的双层袋。

206. 如何预防桃裂果？

①选择适宜的品种，如成熟期能避开雨季或不易裂果的品种。

②果实近成熟期保持土壤水分含量适中、避免波动过大。雨水多时即时排水，干旱超过2周以上需灌水。

③加强树体和病虫害管理。

④增施有机肥对裂果有一定的改善作用。

⑤合理施用钙肥。

207. 桃果实什么时候采收？

①长时间贮藏和远距离运输可于果实七、八成熟时采收。

②直接鲜食或短距离运输果实，可于果实九成熟左右采收，此期果实在树上充分自然成熟、内在品质和色泽达到最佳状态，鲜食风味浓、口感好，适宜就地销售或作观光采摘。

208. 贵州省桃树主要病害有哪些？

桃缩叶病、流胶病、炭疽病、褐腐病、穿孔病、根瘤病、白粉病、橘小实蝇、桃小实心虫、梨小实心虫等都是贵州比较容易发生的桃树病虫害。

209. 桃病虫害绿色防控技术措施有哪些？

桃病虫害绿色防控技术措施有农业防治、物理防治、生物防治等；选用抗病品种和健康苗木；使用通风透光的整形修剪方式；增施有机肥和平衡施肥；注重冬季清园工作；使用黄板、杀虫灯、糖醋液、防虫网；应用生物农药、性诱剂、迷向丝、昆虫天敌；以及应用高效、低毒、低残留的化学农药并适时、正确地进行防治等。

210. 桃园冬季清园如何进行？

①清园时期在冬季桃树落叶后、始花前进行。

②结合冬季修剪，清除带害虫和病原菌的枯枝落叶、僵果、树皮、杂草等，并进行集中烧毁或深埋处理。

③进行树干涂白、剪锯口保护。

④全园喷施4 ～ 5波美度石硫合剂。

211. 桃缩叶病如何防治？

①加强冬季清园工作，清除越冬病原。

②改善果园通风透光条件和加强肥水管理。

③在受侵染叶片产生银灰色粉状物之前，立即摘除销毁，减少来年的越冬病原。

④在早春桃花芽露红期喷1次4 ～ 5波美度的石硫合剂，或用70%代森锰锌500倍液、70%甲基硫菌灵1 000倍液。谢花后再喷1次70%代森锰锌500倍液、70%甲基硫菌灵1 000倍液，控制桃缩叶病的发生。

212. 桃细菌性穿孔病如何防治？

①加强冬季清园工作，清除越冬病原。

②改善果园通风透光条件，加强肥水管理。

③落花后，可喷农用链霉素、代森锰锌、戊唑醇等进行防治。

213. 桃树白粉病如何防治？

①加强冬季清园工作，清除越冬病原。

②改善果园通风透光条件，加强树体和肥水管理。

③发病初期，可采用70%甲基硫菌灵1 500倍液或50%三唑酮1 000 ～ 1 500倍液等药剂进行防治。

214. 桃褐腐病如何防治？

①加强冬季清园工作，清除越冬病原（图4-5-9）。

②改善果园通风透光条件，加强树体和肥水管理。

③在初花期，使用啶菌恶唑进行喷雾，每隔10天喷1次，共两次，与其他药剂交替使用。

图4-5-9　桃褐腐病

215. 桃疮痂病如何防治？

①加强冬季清园工作，清除越冬病原（图4-5-10）。

②改善果园通风透光条件，加强树体和肥水管理。

图4-5-10　桃疮痂病

③落花后15天左右可选用80%代森锰锌500～800倍液，或50%甲基硫菌灵500倍液等进行防治。

216. 桃炭疽病如何防治？

①加强冬季清园工作，清除越冬病原（图4-5-11）。

②改善果园通风透光条件，加强树体和肥水管理。

③落花后15天左右可选用80%炭疽福美800倍液，或25%溴菌腈800～1 000倍液，或70%甲基硫菌灵800～1 000倍液，或50%苯菌灵800倍液，隔10～15天喷1次，连续防治2～3次。

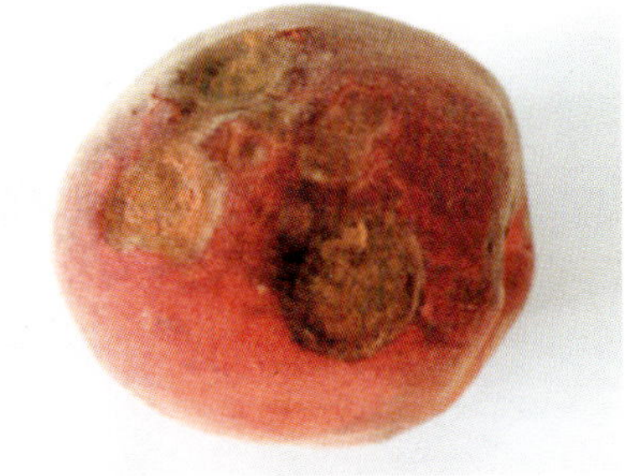

图4-5-11　桃炭疽病

217. 桃流胶病如何防治？

①加强冬季清园工作，清除越冬病原（图4-5-12）。

②改善果园通风透光条件，增施有机肥，加强树体和肥水管理。

③树干涂白，防止冻害的发生。

④生长季节减少伤口的产生，尤其是高温高湿的夏季；用膜立康对大的剪锯口进行涂抹保护。

⑤杜绝桃园使用除草剂。

图4-5-12　桃流胶病

218. 桃蚜如何防治？

①加强冬季清园工作，清除越冬病原（图4-5-13）。

②改善果园通风透光条件，加强树体和肥水管理。

③落花后10天左右，可选用10%吡虫啉4 000倍液，或3%啶虫脒2 500倍液，或0.65%茴蒿素400 ~ 500倍液，均匀喷雾。

图4-5-13　桃　蚜

219. 桃潜叶蛾如何防治？

①加强冬季清园工作，清除越冬病原（图4-5-14）。

②改善果园通风透光条件，加强树体和肥水管理。

③在展叶期，喷洒

图4-5-14　桃潜叶蛾危害叶片症状

52.25%农地乐1 500 ~ 2 000倍液，或25%喹硫磷1 500倍液进行防治。

220. 桃红颈天牛如何防治？

①发现成虫可人工捕杀，发现蛀食孔，可用铁丝钩杀（图4-5-15）。

图4-5-15　桃红颈天牛

②在6月之前树干涂白，防止成虫产卵。

③幼虫蛀入木质部以后，用56%磷化铝片剂分成6 ~ 8粒，每粒塞入一个虫孔中封口熏杀。

④4月上旬，在距离地面50 ~ 80厘米处用直径4 ~ 5毫米钢钉打孔，深3 ~ 4厘米，拔出钉子后用兽用注射器注入长效注干剂。

221. 桃树的桑白蚧如何防治？

①加强冬季清园工作，清除越冬病原（图4-5-16）。

②改善果园通风透光条件，加强树体和肥水管理。

③在幼虫盛发期，幼虫分散转移分泌蜡质之前及时采用25%扑虱灵1 000倍液，或50%马拉硫磷1 000倍液，

图4-5-16　桑白蚧

或50%辛硫磷1 000倍液防治。

④保护利用桑白蚧的天敌，在红点唇瓢虫大量发生的时期4 ~ 6月，禁止使用高毒杀虫剂，同时可人为制造有利天敌生长的环境条件等。

222. 桃果实的橘小实蝇如何防治?

①加强冬季清园工作，清除越冬病原（图4-5-17）。

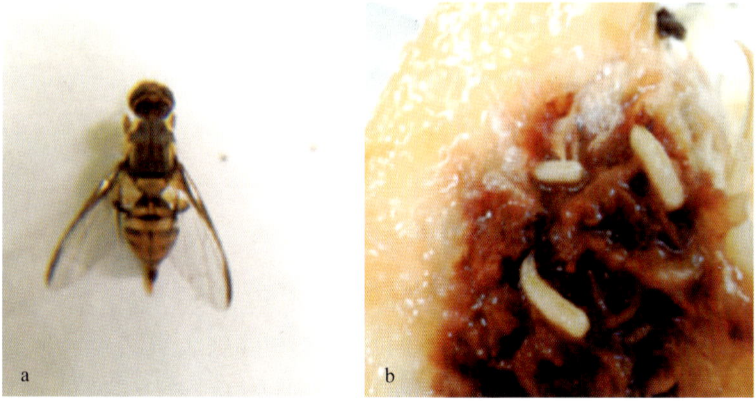

图4-5-17　橘小实蝇
a.成虫　b.幼虫蛀桃果

②改善果园通风透光条件，加强树体和肥水管理。

③在花后30天至落叶前，使用橘小实蝇性诱剂和诱捕器诱杀成虫。

④在果实成熟前30天使用食诱剂、黄色黏虫板等诱杀成虫。

⑤在成虫产卵前，可喷洒75%灭蝇胺5 000倍液，或90%晶体敌百虫1 000倍液，隔4 ~ 5天喷1次，连续2 ~ 3次。

⑥在成虫羽化前，在果园土壤层喷晒药剂，可用辛硫磷、马拉硫磷等药剂杀死土壤中初羽化的成虫。

223. 梨小食心虫如何防治？

图4-5-18　梨小食心虫幼虫危害嫩梢

①加强冬季清园工作，清除越冬病原（图4-5-18）。

②改善果园通风透光条件，加强树体和肥水管理。

③在桃园释放梨小食心虫的天敌赤眼蜂。

④4～9月，可采用20%杀灭菊酯2 500倍液，或2.5%溴氰菊酯2 500倍液，或10%氯氰菊酯1 000～1 500倍液等防治。

224. 桃小食心虫如何防治？

①加强冬季清园工作，清除越冬病原。

②改善果园通风透光条件，加强树体和肥水管理。

③田间安置黑光灯或利用桃小食心虫性诱剂诱杀成虫，或用迷向丝干扰和诱捕成虫。

④5～9月，每平方米果园喷洒寄生线虫60万～80万条；或者在桃小食心虫成虫发生期，田间释放赤眼蜂，使其寄生虫卵。

225. 桃蛀螟如何防治？

①加强冬季清园工作，清除越冬病原。

②改善果园通风透光条件，加强树体和肥水管理。

③利用黑光灯和糖醋液诱杀成虫。

④在5月上旬开始使用性诱剂测报成虫发生高峰期，及

时喷药防治，可选用50%杀螟硫磷1 000倍液，或10%天王星3 000 ~ 4 000倍液，或75%拉维因1 000倍液，或20%杀灭菊酯2 500倍液。

（六）李

226. 我国李发展概况是什么？

李适应性强，在全球均有广泛种植。截至2017年，我国李种植面积约2 980万亩；以贵州、广东、广西、福建等地种植居多，以中国李和变种柰李为主，其他省份也均有栽培。

227. 贵州省李产业发展现状怎样？

截至2018年上半年，全省李种植面积约为192.1万亩，为全省种植面积最大的果树。其中以贵阳种植面积最大，约为34.8万亩，其次为遵义、安顺，种植面积均超过30万亩；种植面积最小的为六盘水地区，仅为2.8万亩。

228. 贵州省种植的李品种有哪些？

贵州省李资源种类较多，在长期的发展过程中，形成了镇宁蜂糖李、沿河空心李、贞丰四月李、盘江酥李、紫云火花冰脆李、石阡红心李、三都九阡李等具有地方特色的品种。此外，青脆李、脆红李等在贵州各地种植较为普遍。

（1）蜂糖李。成熟期6月中下旬，平均单果重35.3克，可溶性固形物14% ~ 16%；果实成熟时外皮呈青黄色，果肉金黄色；肉质细、清脆爽口，汁液中多，味浓甜，离核，品质优异（图4-6-1）。

图4-6-1　蜂糖李

（2）空心李。成熟期7月中下旬，平均单果重18.3克，可溶性固形物13.2%。果皮青灰鲜艳，果肉脆嫩，酸甜适度。

（3）四月李。成熟期6月上旬，平均单果重22.7克，可溶性固形物13.0%。果皮绿色，果肉脆甜爽口。

（4）酥李。成熟期7月中上旬，平均单果重24.7克，可溶性固形物11.5%。味甜汁多、肉质致密、酥脆爽口、有清香味、微带苦涩味。

（5）冰脆李。成熟期6月中上旬，平均单果重23.9克，可溶性固形物11.8%。果肉色泽金黄，皮薄肉脆，清爽甘甜。

（6）红心李。成熟期6月中下旬，平均单果重10.5克，可溶性固形物11.7%。果皮浅红色，果肉暗紫红色，酸甜适口，风味浓郁（图4-6-2）。

（7）九阡李。成熟期6月上旬，平均单果重24.5克，可溶性固形物12.9%。果皮绿带紫红，果肉淡黄，细脆多汁，味甜酸（图4-6-3）。

（8）青脆李。成熟期7月中上旬，平均单果重35克，可溶性固形物12.8%；果皮果肉青色，口感脆，甜酸略带涩味（图4-6-4）。

图4-6-2　红心李

图4-6-3　九阡李

（9）脆红李。成熟期8月中下旬，平均单果重21.2克，可溶性固形物13.5%；果面紫红色带浅白粉，极漂亮；果肉黄，口感甜脆略带涩味（图4-6-5）。

图4-6-4　青脆李

图4-6-5　脆红李

229. 李的营养价值有哪些？

李营养成分丰富，富含碳水化合物及多种氨基酸、钙、磷、铁、维生素C、胡萝卜素、维生素B_1、维生素B_2、烟酸等，既可鲜食，又可以制作成罐头、果脯。

230. 怎样改良李园土壤？

（1）增施有机肥。建园时全园撒施有机肥并深翻，或在种植坑内施入有机肥，冬季施基肥时逐步扩穴。

（2）深翻土壤。每年冬天结合施肥进行一次全园深翻。通过深翻可使底层板结土壤疏松透气，有益于微生物活动及矿质元素分解，改善土壤结构提升土壤肥力及蓄水能力。

（3）种植绿肥。土层较浅或瘠薄的地块，秋季可间作紫云英、光叶紫花苕等，在第二年4月上旬，全部耕翻入土。

231. 如何进行平地或缓坡地李园建设？

平地或缓坡地果园以“宽行、窄垄”的标准进行建园。

（1）道路系统。道路系统分为干道和作业道。干道一般宽3～5米，能通行小型车辆和农机具，并可作为园内作业区的分界线。作业道宽1～1.5米，主要作为人行道，以便园内管理措施能顺利实施。

（2）小区规划。小区规划以长方形为宜，以便果园管理。小区面积一般以15～25亩为宜，行向选南北向。

（3）排灌设置系统。果园四周开挖主排水沟，排水沟深度、宽度根据当地降雨情况而定，一般在40～50厘米；若园内有积水则可顺垄向开挖浅沟，挖沟宽深在20厘米左右，保证园内积水排出即可。

（4）起垄。按4～5米行距进行起垄。垄面宽1.5米，垄高40厘米，两垄间宽3.5米，以便后期的机械、人工操作。

232. 如何进行山地李园建设？

山地建园应修筑根据地形及等高线修筑梯田。

（1）选址。坡度宜在30°以下，坡向宜向阳背风。

（2）道路系统。同平地或缓坡地建园，但应按其面积和坡高将干道设计环山或“之”字形。

（3）小区规划。根据地形、地势，将园分区，小区以长方形为宜，面积30 ～ 50亩为一区较适宜。

（4）梯田修筑。等高线挖壕沟改土，然后以壕沟为中心整理成宽3米左右的梯田，梯面外高内低，梯外侧压实，并在外沿作一条土埂，内侧挖一条背沟。

233. 购买李苗应该注意哪些问题？

①经营许可证、营业执照、植物检疫登记证等证件齐全且苗木检疫合格。

②苗木健壮，苗木高度大于60厘米，主干粗细0.6厘米以上（嫁接口以上2厘米处）；主根留15厘米以上，须根多。

③无线虫、根瘤病、根腐病等病虫害。

234. 如何进行李苗的种植？

（1）蘸根。将K84菌剂加1倍水后调匀蘸根，预防根瘤病发生。

（2）定植。将苗木根系舒展开放在定植坑内，苗木扶正，边填土边轻轻向上提苗、踏实，使根系与土充分密接。定植时，不能埋住嫁接口。

（3）覆膜。种植完毕后，立即灌水，并立即覆盖黑色地膜。

235. 李苗如何定干？

苗木定植后，即可进行定干。定干高度为50 ～ 60厘米，Y形树剪口下方应保留2个以上对称的饱满芽，开心形树形剪口下方应保留3个以上饱满芽。后期芽萌发后根据树形不同，选定不同方位和数量的旺枝。

236. 李树开心形如何整形？

①定干后选留3 ～ 4个分布均匀的旺梢作为主枝培养，主枝与主干延长向之间角度在30° ～ 60°，主枝保持延长生长不短截。②主枝上长出的二次梢即可选留侧枝，同侧侧枝间隔50 ～ 70厘米，两侧侧枝交替排列。③当年生长好的树体，其侧枝还可再摘心，选留第二侧枝（即结果枝或小型结果枝组）。最后树冠成形后，每个主枝同侧配置2 ～ 3个侧枝，呈顺向排列，侧枝开张角度70°左右。

237. 李树Y形如何整形？

定干后选留垂直于行向的2个旺梢作为主枝培养，两主枝间开张角度在60°左右。主枝两侧直接培养结果枝或小型结果枝组。

238. 如何进行李树的夏季修剪？

夏季修剪主要为加快树形的培养并促进花芽形成，一般在5 ～ 9月进行，通常一年需进行2 ～ 3次。

主要措施有：①疏除过密枝、直立旺枝、背下枝；②对于过长或过旺侧枝进行短截，有利于下部二次枝生长；③对侧枝上的二次枝尽早摘心，促进花芽形成。

239. 如何进行李树的冬季修剪？

冬季修剪主要是维持树形，保持树体通透。一般在落叶至萌芽前进行。

主要措施有：①疏除病枝、过密枝、直立旺枝、背下枝等；②更新换头，对主枝延长头过高过长的，可选留下部一弱枝进行回缩；③对侧枝进行适当的回缩复壮，对结果枝组应疏弱留强，去老留新，有计划地分期、分批地回缩复壮，控制其密度和长度。

240. 如何促进李花芽形成？

①保持树体通风透光，防止果园郁闭。②进入花芽分化期（主要在6月以后）减少氮素肥料施入，多施磷钾肥。③通过拉枝、摘心、短截、扭梢等修剪方法减缓枝条生长势，促进下部花芽形成。④喷施化学调控剂。

241. 李树基肥如何施用？

（1）时间。一般在李树开始落叶即可施用。

（2）方法。

①环状沟施。树冠外缘投影下开沟，宽30厘米、深40 ~ 50厘米，施肥后及时覆土。

②放射沟（辐射状）施。距树干0.5米向外开沟，至树冠外

缘投影下，开沟4～6条，深40厘米、宽30厘米，施后覆土。

③条状沟施肥法。按照栽植行向，在树冠外围顺行向开沟，沟宽40厘米，深50厘米，施后覆土。

④撒施。肥料撒施在全园内，然后进行翻耕。

（3）施肥量。依据树体及施肥沟大小逐年增加，株施有机肥量20～40千克。进入结果盛期，则可全园撒施并进行深翻，每亩有机肥用量不得低于2吨。

242. 李树施基肥应注意哪些问题？

（1）宜早不宜晚。有机肥应在秋冬之际果树地上部分停止生长时开始施入，此时根系可吸收部分肥效补充树体营养，有益于果树越冬和来年开花坐果。

（2）要充分腐熟。在施用有机肥前，应先将有机肥充分腐熟，利用腐熟过程中的热量杀灭大部分致病微生物及虫卵并避免后期出现烧根现象。

（3）要搅拌均匀。施入的有机肥要与土壤搅拌均匀，避免因肥效过于集中而出现烧根现象。

（4）要适当补充化学肥料。有机肥料所含养分种类较多，但并不平衡且肥效释放慢，因此在施基肥时每株可适当补充适量过磷酸钙或复合肥以及其他中微量元素肥。

243. 李树如何进行追肥？

（1）萌芽前追肥。在萌芽前1～2周进行，以速效氮肥为主。每株施尿素0.2千克或复合肥0.5千克。

（2）花后肥。落花后施入，以速效氮为主，配以磷钾肥，施肥量同萌芽肥。

（3）壮果肥。生理落果后至果实进入速效膨大期前，以钾肥为主，配以氮、磷肥。每株施硫酸钾0.2千克加复合肥0.5千克。

（4）果实生长后期追肥。在果实开始着色至采收期间追肥。此次以磷、钾肥为主，每株施过磷酸钙0.2千克加复合肥0.5千克。追肥以在树冠滴水线位置开挖环状施肥沟为宜，沟深宽在15厘米即可。

244. 李树常用叶面肥的种类有哪些？应注意什么？

常见的叶面肥有0.3%的尿素、0.5%的磷酸二氢钾、1%过磷酸钙、0.5%硫酸钾、0.2%的硼砂以及氨基酸叶面肥及水溶性微量肥等。

喷施叶面肥应注意以下事项：①浓度适宜。浓度过大易出现叶片灼伤，浓度过低无法起到很好效果。为防止产生肥害，先做试验后再大面积施用。②掌握喷施时期。根据不同生长期需肥特点有针对性地施用不同成分的叶面肥。③注意喷施时间。应避开正午光照最强的时间，选择无风天或早晚喷施，如喷施后3～4小时遇雨则应补喷。④叶面施肥不能代替土壤施肥，应与土壤施肥相结合。

245. 绿肥种类及播种方法？

冬季绿肥可选择紫云英、光叶紫花苕，夏季绿肥可选用田菁等。播种时间冬季绿肥宜在9月下旬至10月，夏季绿肥在3～6月播种；播种前可先翻耕一次，使土壤疏松且抑制杂草生长。可在下雨前后进行播种，同季绿肥既可单播也可混播。待绿肥长至4～5厘米高时，可撒施一次复合肥促进绿肥生长。

246. 如何提高李树坐果率？

①合理的树形及充足的营养供应；②在花蕾期和开花初期喷施0.3%的硼砂+0.2%的磷酸二氢钾+0.2%的尿素可有效地提高坐果率；③预防倒春寒。

247. 李树花期如何预防低温冻害？

①选择适宜品种；②园地选择避开易发生低温冻害区域；③在花蕾期、开花初期和谢花后结合喷施叶面肥的同时补充10 000倍碧护或600倍海岛素；④早春天气晴朗的夜间进行熏烟；⑤花期遇雨，可覆盖塑料薄膜。

248. 李树如何疏果？

（1）时期。第二次落果后，能辨出大小果时。先疏双果、小果、畸形果以及生长过密的果；第一次疏果20天后可进行二次疏果。

（2）留果量。短果枝，小果型品种留1～2个果，中果和大果形品种留1个果；中、长果枝，小果型品种间隔4～5厘米留1个果，中果型品种间隔6～8厘米留1个果，大果型品种间隔8～10厘米留1个果。一般上半部要多留果，下半部少留果，以果控制旺长，达到均衡树势力的目的。

249. 李裂果的主要因素有哪些？

①品种特性；②土壤水分含量剧烈变化，长期天晴突然降

雨或长时间持续性降雨导致土壤、空气中水分含量发生变化，导致果肉细胞迅速膨大发生裂果；③缺素，缺钾、钙等矿质元素时易发生裂果现象。

250. 如何防治李果实开裂？

（1）选择适宜的品种。在种植前应对引进品种进行区试试验或从具有相同气候特定的地区引进品种。

（2）栽培方式。进行起垄栽培或地膜覆盖并做好果园排水可有效地防止土壤水分剧烈变化或饱和，减少裂果率。

（3）补充矿质元素。通过根施或叶面施肥的方式补充钙、硼等其他矿质元素。

251. 如何进行李病虫害综合防治？

积极贯彻“预防为主，综合防治”的植保方针。①注重果园管理，合理栽培；合理施肥，多施有机肥，增强树势；夏、冬季修剪要及时。②及时清理果园中发病严重的果树以及病枝、病果等，做好病虫害预警工作，可采用黄板、昆虫性诱剂等进行监测。③发生病虫害时要及时进行防治工作，可采取糖醋液、黏虫板、迷向剂、食诱剂等方法诱杀害虫；采用化学防治应当注重用药种类及时间，保证正确、及时的用药；了解病虫害发生规律，在最适当的时期进行防治，注意开花前、谢花后、果实膨大期、转色期等几个关键时期病虫害的防治。

252. 如何防治李红点病？

李红点病在低温多雨季节容易发生，主要危害李树叶片，也

图4-6-6　李红点病

可危害果实，叶片受侵染初期具橙黄色病斑，后期叶片受侵染部位逐渐变厚，正面凹陷，背面隆起，颜色加深，上生黑色小粒点，叶片受侵染严重时，病斑密布于整个叶片上，叶片发黄脱落（图4-6-6）。受侵染果实，病果生长不良，易提早落果。

做好清园的基础上，加强果园管理，注意通风、排水，合理施肥，萌芽前喷3 ~ 5波美度石硫合剂；生长期出现病斑则可喷50%多菌灵600倍液或70%甲基硫菌灵800倍液+70%代森锰锌600倍液，连续喷施2 ~ 3次，每次间隔7 ~ 10天。

253. 如何防治李褐腐病？

李褐腐病主要危害李树的果实，也可危害花、叶或枝梢。果实自幼果至成熟期都可受侵染，在果实成熟采收前发病最为严重，果实受侵染初期果面上产生褐色小斑点，后期病斑扩大，表面具有同心轮纹状灰白色至灰褐色绒状霉丛，腐烂病果多脱落，部分病果缩干，变为深褐色或黑色僵果。花受侵染，花会变褐色，软腐状，表面丛生灰霉，最后枯死。嫩枝受侵染初期，如烫伤斑，后期呈褐色至暗褐色，逐渐枯萎，使病枝枯死（图4-6-7）。

图4-6-7　李褐腐病

做好冬季清园工作，及

时将病果、僵果清理出园外，合理施肥，增强树势，萌芽前喷3～5波美度石硫合剂；在李树谢花90%左右时及果实近成熟时，喷施药剂进行防治，可用50%多菌灵1 000倍液、50%苯菌灵1 500倍液等进行防治。

254. 如何防治李炭疽病？

李炭疽病主要危害果实，也可危害嫩梢和叶片。果实受侵染初期产生淡褐色水渍状病斑，后期病斑逐渐扩大，病斑部位红色或暗褐色，具有波浪状轮纹，上生橘红色的小点，受侵染病果容易脱落，或形成僵果。叶片受侵染后，会产生褐色或黑褐色近圆形或不规则病斑，其上生橘红色小点，后期病斑部位易脱落形成穿孔。

做好清园的基础上，注意果园通风、排水，可在萌芽前喷3～5波美度石硫合剂；落花后15天左右，可选用80%炭疽福美800倍液，或20%苯醚甲环唑1 500倍液进行防治。

255. 如何防治李细菌性穿孔病？

李细菌性穿孔病主要危害叶片，也可危害果实。叶片受侵染初期生水渍状小点，随着病斑扩大，周围有水渍状，具黄绿色晕圈，后期病斑干枯，病健组织交界处产生裂纹，病斑组织脱落形成穿孔。果实受侵染，最终形成近圆形、边缘具有水渍状的晕圈、中间稍凹陷、表面硬化、粗糙的病斑（图4-6-8）。

图4-6-8　李细菌性穿孔病

做好清园的基础上，萌

芽前喷3～5波美度石硫合剂；或1∶1∶100倍波尔多液。初芽或叶初展期间可选用72%农用链霉素3 000～4 000倍液，20%龙克菌500～600倍液或25%叶青双500～800倍液进行防治。

256. 如何防治李流胶病？

流胶病主要危害李树枝干，果实也可感染流胶病。枝干受侵染后，病部隆起，并流出树胶，后期病部皮层和木质部变褐坏死，影响树势，导致部分树干干枯乃至全株枯死。果实受侵染后有黄色胶体流出果面，病部硬化，后期发生龟裂，影响果实外观（图4-6-9）。

图4-6-9　李树流胶病

做好清园的基础上，萌芽前喷3～5波美度石硫合剂。发病初期3月下旬至5月上旬可选用50%退菌特800倍液或12.5%烯唑醇2 000～2 500倍液，每10天左右喷一次，连续喷3～4次。也可对发病部位进行刮除，然后涂抹80%乙蒜素100倍液。

257. 如何防治李小食心虫？

李小食心虫主要危害果以及嫩梢，幼虫在果实内蛀食，产生大量虫粪，导致果实易早落（图4-6-10）。当发现有虫危害时，可采用20%杀灭菊酯2 500倍液、2.5%溴氰菊酯2 500倍液或10%氯氰菊酯1 000 ~ 1 500倍液等药剂进行防治。

图4-6-10　李小食心虫幼虫

258. 如何防治介壳虫？

介壳虫的若虫和成虫主要在枝干上吸食汁液，严重时整株盖满介壳，被害树发育受阻，影响树势，严重时引起枯枝（图4-6-11）。

图4-6-11　介壳虫

在卵孵幼虫盛发期，幼虫分散转移分泌蜡质之前及时采用25%扑虱灵1 000倍液或40%毒死蜱1 000倍液进行防治。对于介壳虫集中分布区域，可用刷子蘸取石硫合剂进行刷涂。

259. 如何防治红蜘蛛？

主要危害叶片，成虫在叶背刺吸汁液，造成叶片褪绿，严重时叶片脱落。

在做好清园的基础上，萌芽前喷3 ~ 5波美度石硫合剂。李树发芽后可用27%的阿维·螺螨酯2 000倍液或15%哒螨灵1 000倍液进行防治。

260. 如何防治蚜虫？

图4-6-12　蚜　虫

蚜虫在春季容易发生，主要危害李树芽、叶和新梢，被危害的叶片向背面不规则的卷曲皱缩，并排泄出蜜汁导致煤病的发生，同时桃蚜还可传播病毒病（图4-6-12）。

做好清园的基础上，萌芽前喷3～5波美度石硫合剂。李发芽后可用20%吡虫啉2 000倍液或40%啶虫脒1 500倍液进行防治。

261. 如何防止橘小实蝇？

橘小实蝇近年来在晚熟李以及蜂糖李等高含糖量李中逐步开始发生，主要是成虫产卵至果实内，幼虫在果实内蛀食，导致果实提前变软、脱落，果实内充满虫粪或存在幼虫，不能食用（图4-6-13）。

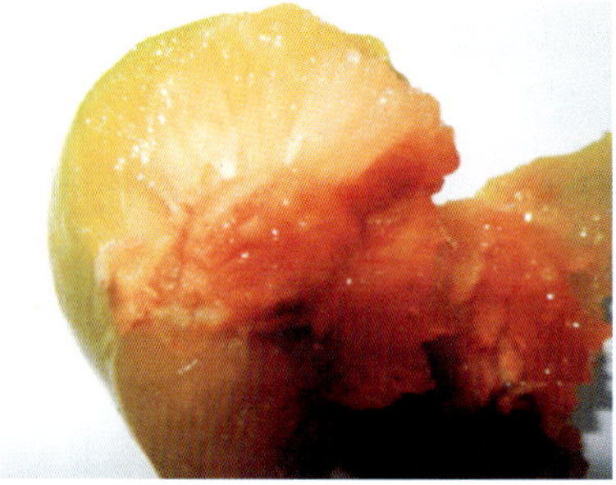
图4-6-13　橘小实蝇幼虫

橘小实蝇防治主要做好以下几个方面工作：

（1）清洁果园。及时清理落果和挂树虫果，并将收集到的被害果喷药后及时处理。

（2）悬挂性诱剂诱捕器。按每亩悬挂3～5个诱捕器，诱杀橘小实蝇雄性成虫。一方面通过诱杀，减少下一代虫源基数；

另一方面对该虫发生情况起到监测作用。

（3）食诱剂。采果前30天，将橘小实蝇膏状饵剂涂抹于位于树冠离地2/3处的树杈处，选取V形且上部有枝条遮挡的树杈涂抹，每亩40个点在田间均匀分布。注意使用时选择晴天涂抹，方便膏剂固化，如膏剂固化后出现强降水则需检查用药点是否完整，并及时补充缺失用药点。

（4）化学防治。最佳的用药时段掌握在成虫羽化的高峰期，也就是性成熟前对成虫进行喷杀。喷药的时间，根据橘小实蝇在一天中最活跃的时间，即上午10 ~ 11时或下午16 ~ 18时，进行树冠覆盖式喷雾，药剂选用1.8%的阿维菌素800 ~ 1 000倍液或4.5%高效氯氰菊酯1 500倍液，树冠喷雾。50%辛硫磷或48%乐斯本800 ~ 1 000倍液喷施树冠滴水线内地面，以杀死入土化蛹幼虫或从土中刚刚羽化成虫。

262. 李如何进行冬季清园？

冬季清园在完成冬季修剪后进行，通过清园达到保护树体，降低病虫害基数，减轻翌年病虫害发生程度等目的。

主要措施有：①将修剪后的枝条、落叶等清出果园进行集中处理；②修剪后的伤口涂抹膜立康等伤口保护剂；③全园喷施一次3 ~ 5波美度石硫合剂；④利用涂白剂对树干进行涂白保护。

263. 如何防治杂草生长？

①采用割草机进行人工割草；②用旋耕机直接旋耕，可起到除草的作用又可疏松土壤；③进行人工或者自然生草，利用有益草种抑制其他杂草生长；④行内铺防草布，既能抑制杂草

生长又能保持土壤水分。

264. 李常见自然灾害及预防管理措施有哪些？

（1）涝害。在建园时应避开地势低洼处，进行起垄栽培，同时在果园四周以及果园内部设置排水沟，在暴雨易发生的时节做好排水沟疏通工作。

（2）干旱。有条件的果园可铺设滴灌设备，或在果园内部设置蓄水池，在连续干旱季节利用抽水机进行浇灌。

（3）冰雹。在冰雹易发季节，及时关注天气情况变化，提前架设防雹网减轻危害。雹灾发生后剪除或摘除树上的断枝、裂果，清除果园地面残枝落叶，对于创伤较大的伤口涂抹膜立康等伤口保护剂；全园施一次复合肥以恢复树势并喷施一次甲基硫菌灵+氯氟氰菊酯等杀虫剂和杀菌剂。

265. 如何进行李果实采收、分级、包装及运输？

待李果实近九成熟，表现出该品种特有的颜色、口感和香气时即可进行采收。采收时应佩戴手套，防止指甲戳伤果实；采收所用容器不宜过大，底部和四周应该铺一层柔软布或草，防止果面磕伤。采收后的果实应及时置于阴凉处进行包装或销售。

在对李果实进行分级前，应先剔除病果、坏果等。根据品种大小特性，将果实分为特等、一等、二等及等外果，实现分级销售，提高经济效益。除大宗销售采用纸箱或塑料装的包装模式外，对蜂糖李、黄金柰李、槜李等一些高经济价值的可采用泡沫箱加纸盒的精品包装模式，即可起到保护果实的目的又能提高产值。在果实运输中，短距离可采用常规方法，长距离应进行冷链运输。

（七）柚

266. 国内外柚类栽培现状如何？

就国外柚类（含葡萄柚）种植形式来看，美国、巴西、西班牙、以色列等国家主要以葡萄柚为主，而中国、泰国、越南等亚洲国家主要以柚为主。

我国柚种植的地区主要分布于浙江、四川、湖南、重庆、福建、广东、广西、贵州等地（图4-7-1）。主要品种为原产于福建省平和县的白肉琯溪蜜柚，以及在白肉琯溪蜜柚的基础上选育出的红肉琯溪蜜柚、黄肉琯溪蜜柚和三红蜜柚等，此外种植较广的还有沙田柚和文旦柚等。

图4-7-1　柚植株

葡萄柚在浙江、四川、广东等地有少量栽培，其种植面积小、品种少，除少量的地方品种如常山胡柚外，其他品种如鸡尾葡萄柚、星努比葡萄柚、马叙葡萄柚等均为国外引入。

267. 贵州省柚类栽培现状如何？

贵州省柚类种植面积在10万亩左右，与全国其他产区类似主要以琯溪蜜柚（红肉和白肉）为主，还有少量的沙田柚、文旦柚、晚白柚等。境内南北盘江、红水河和都柳江等低热河谷地区的黔东南、铜仁、黔南均适宜柚类生长。

268. 贵州省柚类栽培的优势有哪些？

贵州为没有平原支撑的低纬度高原山区，气候温暖湿润雨量充沛，无霜期长，立体气候明显，区域性小气候资源十分丰富。优越和独特的气候条件形成了极其丰富的柚类资源和农家品种，如印江红香柚、石阡红橙、荔波漳江柚。这些地方柚类资源在当地经过长期自然和人工选择，形成了较高的适应性，逐渐形成了山区耐粗放管理、适应性强和高抗病性等特点，这些特点是很多推广品种所不具备的。

从地理条件来看，贵州省山体连绵，加上高山、丘陵和盆地等地形的天然隔离，能够有效降低柑橘病虫害的传播速度，有生产绿色果品的优势。

269. 柚类有哪些特征？

柚果实因脆嫩化渣、酸甜适中、清香馥郁、药食兼用等深受到消费者喜爱。柚属于芸香科柑橘属植物，与橙类、橘、柑、柠檬等柑橘属植物相比，其果实较大，树势强健，树冠圆头形，叶片大，果皮与果肉难以剥离，果皮有黄色、橙黄色和紫色等，果肉有橙色、黄色、白色、浅绿色等。柚类普遍存在自交不亲和现象，有时需要配置授粉树来保证产量和品质。大部分品种种子较大且多，少数有无核品种，果实耐贮运（图4-7-2）。由柚衍生的加工产品主要有果茶、果汁、果脯、果酒、蜜饯等。

图4-7-2　柚果实

270. 适宜柚类种植的气候条件有哪些？

适宜柚类种植的地区年均气温16.5℃以上，≥10℃年有效积温5 500℃以上，极端最低温−5℃，冬季无凝冻。年均日照1 100 ～ 1 400小时，年均降水量1 200 ～ 1 500毫米，相对湿度80%左右。特别有注意的是柚类比橘类和橙类抗寒性稍差，山地种植建议海拔高度在800米以下，以东南坡和西南坡最好，坡度在25°以下。

271. 柚类有哪些优良品种？

（1）琯溪蜜柚。我国栽培面积最大的柚类，原产福建省漳州市平和县，果实倒卵形，单果重1 ～ 1.5千克，果皮橙黄色，果肉有白色、红色和黄色，肉质脆嫩，果实酸甜适中，于11月中下旬成熟。

（2）沙田柚。原产广西容县，果实的典型特征是呈葫芦形，单果重1千克左右，果皮橙黄色，果肉脆嫩、清甜，口感甜，品质优，耐贮藏性好，于11月上旬成熟。

（3）文旦柚。原产福建，果实倒卵形，单果重1 ～ 1.5千克，果皮黄色，果肉淡黄白色，多汁，酸甜可口。9月上旬至10月上旬成熟。

（4）晚白柚。树势较强，开张。果实扁圆形，单果重1.5千克左右，果面橙黄色，果肉白色，酸甜适中，少核或无核。

此外还有一些口感风味俱佳的葡萄柚如鸡尾葡萄柚、马叙葡萄柚、星努比葡萄柚等，均从国外引进，个头较小，单果重0.5千克左右，细嫩多汁、酸甜可口，略带苦味。

272. 购买柚苗需要注意哪些问题？容器苗与露地苗相比有哪些优点？

（1）注意事项。

①要从生态条件相似且非疫区引种，同时要保证品种纯正，品种来源清楚。

②枝条健壮、充实，嫁接口离地面10厘米以上，主干粗度超过0.8厘米，主枝3～5个且布局均匀，且分枝长度在15厘米以上。嫁接口愈合良好，无黄龙病、溃疡病、大实蝇等检疫性病虫害和机械损伤。根系发达，主根在15厘米以上，侧根分布均匀不打结，须根多。

③在调运苗木时一定要从正规苗商处购买，一定要求取得检疫合格证以后才可以调运，否则会造成毁灭性的灾害。为了明确引种的权利和责任，同时也为了能进行品种溯源，应和苗商签订苗木购买合同，对双方的权利和责任进行规范。

④大量引种前建议先进行少量栽培试验，对苗木的适应性、抗病性、生长结果特性以及果实品质进行科学评价，避免因盲目引种而引起的经济损失。

（2）容器苗的优点。

①露地苗是在露地设置苗床直接育苗，传统的露地苗常常

带有病毒或病虫害，不带土移栽，成活率比容器苗低。露地苗定植后有缓苗期，生长缓慢结果晚。

②容器苗是在容器里培养的苗木，容器包括营养袋、营养筒、瓦盆等。容器苗枝干粗壮，根系发达，运苗时根系不易受到损伤。带土移栽，成活率极高。定植后无缓苗期，比露地苗提早进入结果期。

273. 柚园怎样进行选址？

贵州省果园基本上都建在山地，建议海拔高度在800米以下，年均温16.5℃以上，最低温度不低于−3℃，且冬季无凝冻。尽量避免山地北面、山谷和风口，这些地方光照不足，容易发生冻害和滋生病虫害，果实品质差。

柚对不同类型的土壤适应性较强，但土层深厚、土壤肥沃、有机质含量高的土壤更适宜柑橘的生长，最适宜的土壤类型为壤土和沙壤土。我省喀斯特山地建园时注意土层不易太薄，土层薄影响根系生长，容易发生干旱，抗逆性较差，土层厚度要求至少在80厘米以上。此外，在建园时还要注意水源充足、取水方便，以防在灌溉时耗费大量的人力，增加果园管理成本。

274. 山地怎样进行坡改梯？

贵州省柚园大部分都建在山地，一般都需要进行坡改梯。大部分果园的坡面都不太规则，有的坡度大有的坡度小。为了减少坡面的水土流失，保留一部分自然坡面，以及坡面上的杂草和树木。梯高度最好控制在1米以下，梯面宽度建议为行距的1.5 ～ 2倍，以方便后期果园管理。

275. 定植时怎样设置株行距？

柚生长势较强，树形较开张，建议株距4～5米，行距4～6米，适当加大行距，使枝梢有充足的伸展空间，既防止果园后期过于郁蔽，又方便后期各项农事操作。

山地梯地式果园可以借助梯级之间的落差相对增加行距。

276. 柚苗如何进行定植？

一般选择光照不强、空气相对湿度较大的阴天进行。定植时，挖定植穴1米×1米×1米，每穴施25千克有机肥或腐熟农家肥。定植后用脚踩实树盘周围并及时灌水。在树苗周围铺上地膜或稻草，减少土壤水分蒸发。苗木成活后浇稀薄液肥，每月1～3次。

277. 何时采用起垄栽培技术？

相对于深挖定植穴，起垄栽培大大降低了柑橘开发的成本和劳动强度。起垄栽培主要适用于平地果园，能够有效防止积水，目前在地势相对平坦的湖北、江西等地已经推广开来。对贵州省来讲，相对平坦且土层深厚熟化的平地或缓坡地推荐起垄栽培技术，但是在土层较薄的果园，建议挖定植穴，能够有效缓解干旱。

278. 幼树怎样进行施肥？

幼树期主要是为了形成良好的树形，为以后开花结果打下坚实的基础。幼树施肥以氮肥为主，配合磷肥和钾肥。施肥时期选择新梢抽发的时期，5 ～ 6月夏梢生长期，以及7 ～ 8月秋梢生长期。坚持薄肥勤施的原则，每年4 ～ 6次，全年平均每株幼树施尿素0.4 ～ 0.5千克。

279. 新建园怎样进行土壤管理？

新建园土地相对较多，土壤需要熟化，可以在行间种植矮秆且与柚无竞争营养的作物，如豆科绿肥、花生、蔬菜等，不要种玉米等高秆作物，这样既控制杂草生长，又熟化土壤，还能获得一定的经济收入。此外。作物收货后的留下的秸秆、杂草等，也能覆盖在树盘周围。

280. 怎样对幼龄树进行整形修剪？

从幼苗定植到有少量结果的时期称为幼树期，幼树期整形修剪的主要任务是促进树冠迅速扩大，并形成树形骨架。幼树定植后1 ～ 3年及时定干，定干高度60厘米左右。选择生长势和角度较好的3 ～ 4个枝梢作为主枝培养，及时疏除附近萌发枝梢。

281. 怎样对成龄树进行整形修剪？

成龄树整形修剪的目的是继续维持丰产优质的树形，此时，主体树形已经形成，对已衰老或郁闭的枝组进行疏除或回缩后更重新长出新枝。对过于延伸超过主侧枝的枝梢，可将其回缩至分枝处。特别要注意的是，柚类结果枝与其他柑橘稍有差异，一般是树冠内膛的短、弱枝梢结果，修剪时需要保留这些枝梢。

282. 柚怎样进行省力化修剪？

柚的整形修剪方式较多，但是柚的整形修剪方式尽量简化，近年来，随着人力成本逐年增加，省力化修剪方式是目前主推的柑橘管理方式之一，既节约成本又省工省力。

幼树以扩大树冠和培养树形为主；而成年树主要是维护树形，疏除严重遮光、衰老的树枝，采用大枝修剪，多用锯子，少用枝剪，多用疏除，少用短截。

283. 老果园怎样进行土壤管理？

成年果园树冠较大，园内不适合再种植作物，可选择耐阴性强的草种进行生草栽培，起到保湿、降温、增加土壤肥力的作用。

284. 成年树怎样进行施肥？

一般在2 ~ 3月施肥保证花质优良。在5 ~ 6月避免大量施氮肥，以防夏梢大量抽发影响果实产量。在采果后（10 ~ 11月），为避免树体消耗大量的营养，为了恢复树势，需补充树体营养，以有机肥为主，配合适量化肥。

285. 怎样对幼树期和衰弱期的树进行花果管理？

定植后1 ~ 3年的幼树以扩大树冠为主，要少开花或者不开花，可以将幼树开的花抹除，防止幼树消耗过多的营养。对于衰弱的柚树也要少开花，尽快恢复树势。通过9 ~ 12月增加灌水（保持土壤湿润）、秋冬季增施氮肥、萌芽初期短截花枝等措施来减少花量。

286. 怎样对结果期的树进行花果管理？

进入结果期后，枝繁叶茂但开花结果少的树要促进开花，促进开花的措施有：

①8～11月将生长旺盛的直立枝、徒长枝进行拉枝或扭枝。

②10～12月适度保持土壤干燥；增施磷肥，减少氮肥施用量。

③10～12月喷促花剂。

287. 老果园怎样进行高接换种？

当果园出现由于品种老化、树势衰退、产量和品质低等问题时，但树体还未严重衰弱且病虫害不严重、尚具备一定的生产能力时，可以对果园进行高接换种，以恢复树势，提高产量和品质。高接换种在春季和秋季均可进行，在高接前对骨干枝和主侧枝进行改造。大部分采用切接和嵌芽接，嫁接高度0.8～1.2米为宜。一般10年生树接10～15个头，20年生接20～25个头。

288. 如何进行高接换种后管理？

嫁接半个月后检查成活情况，及时补接。待芽眼萌动后及时解绑、剪砧，对于剪口过大的桩口，用刀削平，用杀菌剂涂抹保护伤口。萌芽后每芽留2～3个新梢。

289. 高接换种后怎样进行肥水管理？

高接后枝叶面积大幅度减少，蒸腾作用加强，建议多采用叶面喷施氮肥的方法，2周1次，薄肥勤施。对高接换种后的树要及时灌水，以免干旱使叶片萎蔫甚至伤及根系，有条件的可进行覆盖减少蒸腾。

290. 柚类怎样防止裂果？

柚类在种植过程中由于雨水分布不均匀、矿质元素缺乏、激素缺乏等原因出现裂果现象，不同品种也存在差异，研究表明文旦柚比沙田柚更容易出现裂果。

291. 防止柚类裂果的措施有哪些？

秋季加强果园肥水管理及时灌水抗旱，旱季用秸秆或杂草对树盘进行覆盖。增施钾肥，适施氮肥，少施磷肥。树冠喷施赤霉素20 ~ 30毫克/千克，1周喷1次，连续3 ~ 4周。果实在膨大期进行套袋，避免不利环境条件的刺激。

292. 柚类怎样进行套袋？

为了提高柚果实品质，一般需要采用套袋，套袋后能够保持果面干净、减轻裂果、减少落果。一般选择6 ~ 8月进行套袋，套袋前一般要对果园喷药1次，选择果实状况良好的进行套袋，于采收前20 ~ 30天摘袋。

293. 柚类防冻措施有哪些？

柚类是抗寒性较弱的柑橘类型，在建园时要选择背风向阳坡地，避开低洼的盆地。除了在平时常规管理时通过合理施肥、剪除晚秋梢、加强病虫害防治外，在冻前还可以采取以下临时性的措施：用稻草或塑料包扎树干；11月下旬对树干涂白；根颈部培土；果园熏烟；打落积雪。

294. 柚类冻后恢复措施有哪些？

及时剪除或锯掉冻伤的部位，裸露的桩口过大时，用杀菌剂涂抹或用薄膜包裹；轻微冻伤的树0.5%的尿素追肥；加强病虫害的监测，病虫害发生后应及时防治。

295. 如何田间诊断和防治柑橘大实蝇？

柑橘大实蝇为检疫性害虫，在贵州省时有发生，成虫产卵于幼果内，幼虫蛀食果肉，使果实未熟先黄，引起早期落果，严重影响产量和品质。蛹在土中越冬，4～5月出现成虫，6～7月中旬进入果园产卵，7～9月孵化为幼虫，受害果实9月至10月下旬出现脱落。

防治方法：①调运苗木严格实施检疫；②摘除受害幼果并销毁；③在成虫出土时，用杀虫剂喷施果园，每10天1次，连续2～3次。

296. 如何进行田间诊断和防治溃疡病？

溃疡病为检疫性病害，发病初期在叶背出现针尖大小黄色

图4-7-3　柚溃疡病

油渍状斑点，逐渐扩大成灰褐色病斑，病斑穿透叶面并隆起，形成溃疡病火山口的典型特征（图4-7-3）。

防治方法：①加强苗木的检疫；②一旦发现立即铲除并烧毁；③加强病虫害防治，谢花后用70%氧氯化铜800～1 000倍液喷施，每10天1次，连续喷2～3次。

297. 如何进行田间诊断和防治柑橘黄龙病？

黄龙病为检疫性病害，一旦感病，轻者影响产量和品质，重者会毁掉整个果园。发病时树冠顶端形成明显的黄梢，出现斑驳黄花，花小、畸形、容易脱落，果小、成熟早、果皮粗厚、无光泽。

主要防治措施：①严格实施幼苗检疫制度；②及时挖出和销毁病株，防治病虫扩散；③在田间主要通过木虱进行传播，加强木虱的防控。

298. 叶螨危害症状有哪些？怎样进行防治？

叶螨在贵州省果园时有发生，叶螨吸食叶片、嫩梢、花、果实，特别是嫩叶。叶片危害初期为淡绿色，后期出现灰白色斑点，一年发生12～20代。

防治方法：①利用天敌——瓢虫来防治叶螨；②在果园种植藿香蓟，创造螨虫的生存环境；③选用对天敌安全的药剂进行防治，如50%石硫合剂200倍液。

299. 柚类如何进行采收？

采收前20天左右，全树喷施70%甲基硫菌灵1 000倍液或40%百可得2 000倍液，以减少贮藏期间病虫害。贮藏果一般选择九成熟时采收，选择晴天采果，背篼、竹筐内壁用柔软的布包裹，戴好手套利用采果剪，剪平果蒂，轻拿轻放以防损伤果面。剔除病果、伤果、虫果。采收后的果实放置在通风的阴凉处预冷半天后贮藏或销售。

300. 柚贮藏期间会出现哪些问题？

柚属于柑橘类较耐贮藏的类型，一般贮藏2 ~ 3个月为宜，贮藏时间太久，失水严重，果皮干瘪，果肉容易出现干水、粒化、异味、苦味、风味变淡，贮藏后期极其易感染病虫，影响食用价值。

（八）甜橙

301. 甜橙在柑橘产业中的地位如何？

甜橙是柑橘类水果的主要品种之一，营养丰富，相较其他品种，可以生产多种副产品，经济效益好（图4-8-1）。国际柑橘市场上橙汁消费比重最大，因此甜橙种植面积与产量占柑橘总产量的一半

图4-8-1　甜　橙

以上，据统计，2018年全球鲜橙产量4 799.6万吨，占全球柑橘总产量的51.9%。中国虽为柑橘第一大国，但甜橙产量较世界其他主产国存在一定差距。为减小柑橘类水果进出口逆差，推动我国柑橘产业发展，甜橙势必是主要发展方向。提升甜橙竞争力是提升我国柑橘市场竞争力的重要途径。

302. 我国甜橙产业生产现状如何？

据统计数据显示，2016年我国柑橘总产量为3 764.9万吨，其中甜橙产量为700万吨，占比为18.5%；2017年柑橘总产量达到3 816.8万吨，甜橙产量达730万吨，占比为19.1%。可以看出，我国甜橙相较国际甜橙来说，比重较小，产量虽持续上涨，但仍未满足消费市场。因此甜橙的发展还存在较大空间。我国柑橘生产具有明显的区域性特征，甜橙传统产区在江西、湖北、湖南等地，但近两年因黄龙病的影响，甜橙种植区向广西、四川、重庆西南部转移。

303. 贵州省甜橙生产现状如何？有哪些区域种植？

柑橘是贵州省产量第二大水果，甜橙栽培面积不大，在其中比重不足20%。贵州甜橙经过多年栽培累积，选育了一些本地特色脐橙品种，如黔选系列。

甜橙相较其他品种，需热量大，且不耐寒，主要分布于贵州省红水河、南盘江和北盘江支流河谷、低山地带罗甸，望谟、镇宁等县；以及都柳江及漳江河谷、中低山地带榕江、三都等县。近几年，随着产业扶贫工作推进，铜仁市德江、思南等地也开始种植甜橙。

304. 种植甜橙应该注意哪些问题?

甜橙属热带、亚热带常绿果树，相较柑橘中其他品种，更喜光（年日照1 200 ~ 1 400小时），耐寒性也较低。因此，种植甜橙时应该注意以下几点。

第一，甜橙类分很多品种，按熟期分早、中、晚熟品种，按用途分鲜食和加工品种，种植前需要结合自身条件和市场选择合适品种。

第二，需要选择积温较高、冬季低温天数少、光照良好、土壤通透性好的地方建园，以利于保证甜橙风味和色泽。

第三，通常甜橙落花和落果较其他品种早，采果晚，因此管理时保花保果要提前，采果相对后延。此外，甜橙结果枝以春梢和秋梢为主，修剪时则注意保留秋梢。

第四，甜橙对溃疡病较敏感，在高温高湿的情况下，应注意溃疡病防治。

305. 甜橙品种分几大类?各有什么特点?

甜橙品种丰富，全世界品种多达400个以上，按成熟时期可分为早、中、晚熟品种，也有分冬橙和夏橙。一般根据果实性状和特点分为普通甜橙、脐橙、血橙和无酸甜橙四大类。

（1）普通甜橙。普通甜橙数量最多，圆形果，橙色，果顶无脐或有圈印，品种有哈姆林、冰糖橙、先锋橙等。

（2）脐橙。果顶有脐，即有一个发育不全的小果包埋于果子顶部，无核，肉脆嫩，味浓甜略酸，剥皮与分瓣均较容易，果型大，成熟早，主要用作鲜食，品种有华盛顿、纽荷尔、朋娜等。

（3）血橙。果皮和果肉呈紫红色或暗红色，含丰富花青素，色素易氧化而降低风味，主要用作鲜食，品种有塔罗科、红玉、脐血橙等。

（4）无酸甜橙。果形与普通甜橙相似，因含酸量极低，果汁含量达到适当程度时即可采收、上市，是极早熟的甜橙品种，品种有埃及糖橙。

306. 冰糖橙的性状和特性如何？

果实圆球形或近球形，大小不均一，果实偏小，单果重95～140克；果顶钝圆，果面平整，油胞细密，果皮较脆难剥离，囊瓣较易分离；味甜而脆，略有香气，果汁可溶性固形物13%～15%，全糖量0.55%～0.67%，糖酸比（15～19）：1，种子少，每果0～4粒；果实11月下旬至12月成熟。

307. 纽荷尔脐橙的性状和特性如何？

果实椭圆形或长椭圆形，果个较大，单果重180～220克，顶部浑圆；果面橙红色，平滑光亮，油胞较微凸，较难剥离。果汁可溶性固形物11.2%，肉质脆嫩，化渣性好，风味较浓。早熟，果实11月下旬至12月成熟。该品种果形美观，色泽鲜艳，适应性较强，是我国栽培最多的橙类。

该品种在贵州省热量富集的南部地区表现较好，但容易出现粗皮大果现象，可能是栽培技术不当导致。此外，栽培时应注意夏秋季容易裂果和落果。

308. 红肉脐橙的性状和特性如何？

是华盛顿脐橙的芽变。果实椭圆形，中等大小，单果重

170～240克；果面平滑，深橙或橙红色；果皮中等厚度，较薄；汁胞红色，含有丰富番茄红素；果汁可溶性固形物11%。果实12月上中旬成熟，产量中等或偏低。

红肉脐橙是品质较好的红色系品种，比较有特色，作为鲜食或拼盘果品，有一定市场前景。市场上常用红肉脐橙冒充血橙。

309. 红玉血橙的性状和特性如何？

果实圆球形或亚球形，中等大，单果重130～150克；顶部平圆，有明显凹环；果面深橙色或全果紫红色；油胞小而密；果皮中厚，剥离较难；种子较多；汁胞紫红色，含有丰富的花青素，化渣，味酸甜，有玫瑰香气；果汁可溶性固形物11.2%。果实在11月中旬开始着色，翌年1月开始出现紫红色，2月成熟。较耐贮藏。

该品种适应性较强，在紫色土和黄壤中均能丰产稳产。果实晚熟，加上耐贮性好，可以在翌年4月上市，弥补这一时期柑橘市场。

310. 朋娜脐橙的性状和特性如何？

果实倒圆锥状圆球形，较大，单果重180～270克；顶部较宽大圆平，油胞凸出；果汁可溶性固形物10.4%，肉质不是太致密。11月中下旬成熟，丰产性好。

该品种对高温高湿气候适应性强，早熟，丰产，因此栽植广泛。但因其果实形状不太美观，果面颜色不鲜艳，果实蒂部风味甜，顶部风味淡，容易裂果等特性，竞争力较差，生产上推广较少。此产品栽培时注意落果和裂果。

311. 甜橙对环境条件有哪些要求？

甜橙是亚热带果树，喜温暖湿润气候，不耐低温，根部好气好水。适宜种植的年平均温度17 ~ 22℃，生长期间≥10℃年活动积温在6 000 ~ 8 000℃，冬季极端低温为-3℃以上，1月平均温度≥8℃。年降水量需求为1 200 ~ 2 000毫米，空气相对湿度在65% ~ 80%，年日照在1 600小时左右。昼夜温差大，无霜期长，有利于提高果实品质。甜橙种植以土层深厚、肥沃、疏松、排水通气性好、pH在6 ~ 6.5、保水保肥性能好的壤土和沙壤土为佳。

312. 哪些原因影响甜橙嫁接成活？

影响甜橙苗嫁接成活率的原因，归纳起来主要有4个方面的原因。

（1）温度和水分。一般日平均气温15 ~ 25℃较适宜，32℃以上的温度常发生组织损害，超过40℃时则会引起组织的死亡。雨天温度降低，湿度过大，接穗容易腐烂。

（2）嫁接技术。接穗和砧木切口平滑程度和薄膜捆扎松紧程度，直接影响嫁接的成功与否。

（3）砧穗间亲和力。砧木和接穗亲缘关系近的亲和力强，成功率高。

（4）接穗和砧木的生长状态。

313. 何谓高接换种？

高接换种是指在柑橘原有品种的树冠上，通过嫁接改换品种更新树体的技术。在老化果园改造、提高柑橘种植效益方面具有投入少、时效快的优点。

314. 甜橙高接换种的常用方法有哪些？如何接后管理？

高接换种主要采取切接和嵌芽接两种方法。

（1）切接。将接穗削成大小两个截形削面，在砧木上向下略带木质部切入，将接穗的大削面对准砧木的刨面，形成层对准靠齐，接穗露白，绑缚缠紧。

（2）嵌芽接。接穗下方1～1.2厘米处斜切，在芽上方1.2厘米处向下斜削。砧木的削法与接穗相同，再将芽片嵌入砧木切口，对齐形成层。露白，最后绑紧。

高接后主要进行以下管理：①嫁接20天后检查成活率，成活后解绑；②剪砧；③萌芽后的抹芽、摘心、除萌。

315. 如何选择甜橙园地？

适宜的立地条件利于形成果实良好品质，降低营养成本。园地选择时要考虑包括温度、光照、水分等气候条件和土壤条件，以及水源、交通和周边环境洁净程度。

（1）气候。年平均温度17～22℃，生长期间≥10℃年活动积温在6 000～8 000℃。冬季极端低温为−3℃以上，1月平均温度≥8℃。年降水量为1 200～2 000毫米，空气相对湿度在65%～80%，年日照在1 600小时左右。昼夜温差大，无霜期长。

（2）土壤。土层深厚、肥沃、疏松、排水通气性好，pH在6～6.5，保水保肥性能好的壤土和沙壤土为最好。

（3）水源。附近有不间断水源，伏旱期可用水源，一般供水量不少于30吨/亩，需配备蓄水池。

（4）环境清洁度。园区附近应无空气污染，远离检疫性病虫害。

316. 山地甜橙园如何建设？

（1）选地。选择海拔600米以下、光照充足、坡度在25°以下、土质疏松、土层深厚、通气性好、pH为6 ～ 6.5微酸性的壤土。

（2）根据地形、地势将园分区，小区以长方形为宜，面积30 ～ 50亩为一区较适宜。

（3）梯田修筑。等高线挖壕沟改土，然后以壕沟为中心整理成宽3米左右的梯田，梯面外高内低，梯田外侧压实，并在外沿做一条土埂，内侧挖一条背沟。

（4）交通。主路宽5 ～ 6米；支路设在大区之间，宽3 ～ 4米，小路宽1 ～ 2米。

317. 平地及缓坡地甜橙园如何建设？

平地果园地下水位高，种植前必须修好排灌沟系，使整个果园涝能排、旱能淋。根据地势设置三级沟系，即排水沟、围沟和畦沟，避免雨季沤根死亡。排水沟深度1米，宽1.2米以上，连接排水渠，使排水通畅。

按行向起高垄栽植。在行间开畦沟把土堆成0.8米高的龟背形土垄，定植后每隔几年要加挖，要保持畦沟深度60厘米以上。为方便机械和人工操作，也可将垄面加宽至1.5米。

318. 购买甜橙苗木时应注意哪些事项？

（1）选用适合本地生态条件的优良品种。应当选用适宜的品种类型。通常选择在一般管理条件下，结果早、丰产性好、果实品质优良、抗逆性强、耐贮运或具有良好加工适应性的品种。同时，还要了解砧穗组合是否合适。通常南方种植需要选择南方砧木，否则后期树势容易衰退。

（2）防止检疫性病虫害。选购苗木时，选择脱毒苗，严禁将带有检疫性病虫的苗木、接穗或果实等带进非疫区。出县调运的，须到本县植物检疫站开具检疫要求书，送到调出县植物检疫站申请检疫，所购种苗经检验合格、取得检疫合格证后方可调运。

319. 甜橙苗如何栽植？

甜橙苗栽植主要在春季和秋季，苗木栽植分容器苗和露地苗2种方式。

（1）露地苗栽植。第一步，剪除苗木病枝和弱枝，剪除部分叶片；第二步，修去伤病根，短截过长主根；第三步，用黄泥配成泥浆，可加入生根粉混匀，将修好根放入泥浆中浸蘸，打上泥浆；第四步，根据株行距定点，挖30～40厘米定植穴，将甜橙苗放入穴中扶正，保持根系均匀舒展，填入细碎泥土，填土到1/2～2/3时，向上轻轻提苗，再踩实，填满土再踩实。根颈外露，并修筑1米左右树盘，浇足定根水。栽植密度要稀，一般选择株距3～5米，行距4.5～6米。

（2）容器苗栽植。第一步，将容器侧面划出口子，倒扣用手托住，取出容器苗；第二步，将底部营养土去掉1/4，舒展根系，同时剪除病根；第三步，定植土中方法同露地苗。

320. 怎样进行甜橙果园的土壤管理?

对土壤进行管理，可改善土壤原有条件，增加土壤肥力、保水和透气的能力。甜橙果园土壤有3种管理方法。

(1) 全园深翻。在夏、秋两季对全园进行深翻，深翻深度为60 ~ 100厘米，最后将土打碎混匀。

(2) 果园地面覆盖。果园中杂草旺盛的时期进行中耕和杂草割除，用割下的杂草、稻草等对地面进行覆盖，距离树盘20 ~ 30厘米。

(3) 果园培土。土不宜过厚，一般低于10厘米，主要起到增加养分、防止根系裸露、防旱保湿的作用。

(4) 种植绿肥。在春、秋两季播种藿香蓟、紫云英、光叶紫花苕等绿肥草种，在绿肥生长最旺盛时进行刈割，覆盖地面。

321. 哪些绿肥作物适宜在园间套种?

藿香蓟、紫云英、光叶紫花苕、苜蓿、三叶草等矮秆豆科植物。

322. 甜橙有哪些施肥方法？其用量分别是多少?

甜橙施肥主要分土壤施肥和叶面施肥两种。

土壤施肥方法主要有：环状沟施肥，适合平地幼年果园，在树冠投影处开环状沟施肥；放射状沟施肥，根据树冠大小，沿水平根生长方向开放射状沟4 ~ 6条施肥；条沟施肥，在果树行间开沟，一般是隔行开沟，施入肥料，每株基肥20 ~ 25千克。

叶面施肥是后期追肥的一种方法，可结合打药喷施

0.2% ～ 0.4%的磷酸二氢钾或多元素叶面肥。

323. 甜橙幼树如何施肥？

甜橙幼树施肥目的是促进其发枝梢。因幼树对肥料需求旺盛但根系少吸收较少的特点，此时应勤施薄施。在春、夏、秋梢抽生期进行，用速效氮肥或复合肥在天气湿润时树盘撒施，或结合浇水淋施。

冬季施基肥，每株树施入腐熟农家肥15 ～ 20千克。

324. 甜橙结果树如何施肥？

甜橙结果树需肥量大，施足基肥的同时，还要用追肥来补充。

①基肥。果实采收后，在树冠投影范围内挖深30 ～ 40厘米的条沟或放射状沟，每株施入以农家肥为主的基肥20 ～ 25千克，然后覆土。

②追肥。花期或果实膨大期，可叶面喷施0.2% ～ 0.4%的磷酸二氢钾或多元素叶面肥；春梢抽生前，树冠滴水线下挖条沟，放入多元素缓释肥，然后覆土。

325. 甜橙怎样进行水分管理？

甜橙水分管理主要包括春季灌溉和夏季排水工作。

①灌溉。在春梢萌动及开花期（3 ～ 5月）和果实膨大期（7 ～ 10月）对水分敏感的时期，及时灌溉。冬季干旱情况严重时，适当灌水，以防止裂果。采果前20天禁止灌水。

②排水。春季和初夏多雨季节，及时开沟排水，防止果园积水导致烂根。

326. 甜橙果园的灌溉方式有哪几种?

甜橙果园灌溉方式有普通灌溉和节水灌溉两种，其中普通灌溉分沟灌、浸灌、简易管灌，节水灌溉分滴灌、微喷和地下渗透。普通灌溉成本较低，但灌溉用水量大，效果较差。节水灌溉成本较高，水分利用率高，可结合施肥同时进行。

327. 甜橙保花保果的主要技术措施有哪些?

甜橙相较其他柑橘品种，更容易落花落果，因此生产上要注意保花保果。

(1) 春季追肥。春季芽萌动时，施入腐熟农家肥加0.3% ~ 0.5%尿素或0.1%~0.3%磷酸二氢钾溶液，或是直接雨后撒施尿素。

(2) 控梢。花前抹除新梢的30% ~ 50%，对留下的新梢留3/4摘心。

(3) 喷施保果剂。谢花量达到50%时，全树喷施50毫克/升的赤霉素溶液和0.5%左右的叶面肥，可喷施1 ~ 3次。

(4) 环割。花期对主枝或大枝环切，深达木质部，每枝环切2 ~ 3圈。

328. 甜橙有哪些整形修剪的方法?各有什么作用?

(1) 抹芽。对那些提前发芽的零星芽，在芽长1 ~ 3厘米时，抹除1 ~ 2次；对顶芽进行抹芽1 ~ 2次，这样可以去除顶端优势，让下部芽先抽发，有利于甜橙新芽的整齐性。

(2) 摘心。在甜橙新梢停止生长之前，整形的时候要按照相应的长度，摘除新梢的先端部分，保留需要的长度，这种操作方法称为摘心。新梢叶子留下叶片8 ~ 12片，可以加快果实老熟，但如果在结果前一年，秋梢不采取摘心，也有利于形成优良的结果母枝。

（3）拉枝。针对甜橙幼树，选择绳索牵引拉枝，竹竿、木杆支撑和石块等重物吊枝的方法，将其主侧枝改变生长方向，从而适应整形对方位和分枝角度的需要，调节好树枝骨干的分布和长势。

（4）短截。将生长一年的枝条剪去一部分，保留基部的一段，这种修剪方法称为短截。短截可促进短截部位下面枝条萌发。

（5）疏剪。将过密枝条从基部全部剪除，这种修剪方法就称为疏剪。疏除过密枝条，增加树体通风透光。

329. 甜橙何时修剪为宜？

甜橙修剪一般在冬季进行，即采果后至翌年春芽萌动前修剪。生长旺盛的甜橙可增加夏季修剪，在春梢老熟后至秋梢生长前修剪。

330. 甜橙幼树怎样整形？

以培养树冠为主，采取轻剪方法，避免过多的疏剪和重短截。

在苗木40厘米左右进行摘心定干，前两年培养主枝，选留侧枝，第三年培养主枝延长枝，合理布局侧枝群。适当疏剪过密枝条，内膛枝和中下部弱枝最好保留，剪除晚秋梢。

331. 甜橙结果树怎样修剪？

甜橙结果树又细分为初结果树和成年结果树，修剪目的主要是平衡枝梢生长，形成合理叶果比。

对于初结果树，适度轻剪，以疏剪树冠内部交叉枝、丛生枝、密生枝及细弱枝为主，适度短截长势过旺的延长枝，使树体通风透光，实现立体结果。

对于成年结果树，抬高主干，采用大枝修剪；对严重干扰树形的横生交叉枝、密生枝、重叠枝或遮光的徒长枝从基部去掉。或于树冠顶部开“天窗”，将光线引入内膛。修剪原则：强树轻剪，弱树重剪，大年树重剪，小年树轻剪。

332. 甜橙衰老树如何更新修剪？

甜橙树势衰老后，枝梢枯弱，结果很少，必须进行更新复壮。更新方法应根据树的衰老程度决定。若衰老树只有部分枝条衰退，部分枝条还可结果，可将部分衰退枝条于三至四年生的侧枝上进行短截，在2～3年内逐步更新全部树冠。若树体衰老严重，建议全部短截更新。

333. 甜橙常见病虫害及如何综合防控？

病虫害防治贯彻“预防为主，综合防治”的植保方针，以农业和物理防治为基础，提倡生物防治，按照病虫害的发生规律，科学使用化学防治技术，有效控制病虫害。

（1）农业防治。果园密改稀，剪除病虫枝，冬季清园、翻耕，减少病害初侵染源和虫害基数；种植绿肥，增施有机肥，果园地面铺设反光膜、主干刷白等集成技术，增强树体抗病虫能力；夏季抹芽、放梢等技术。

（2）物理防治。黄板诱杀、杀虫灯诱杀、食诱剂诱杀。

（3）生物防治。释放天敌、捕食螨等防治螨类，养鸡、养鸭。

（4）化学防治。喷施农药，提倡使用生物类农药、矿物源农药（如石硫合剂）。

334. 甜橙溃疡病有哪些田间症状？如何防治？

柑橘溃疡病是南方产区重要的细菌性病害，也是植物检疫对象。甜橙溃疡病主要侵害新梢枝叶和未成熟果实，都是形成木栓化隆起的大病斑。叶片常在叶背面出现黄色或暗黄色油渍状斑点，斑点逐渐隆起并向正面扩展，自中央向外开裂或木栓化隆起。病斑周围有黄绿色晕圈，枝梢和果实病斑常无晕圈（图4-8-2）。

图4-8-2　甜橙溃疡病

甜橙对溃疡病比较敏感，最易受害，且不易根除，因此要特别进行防控。

（1）严格检疫。严禁从病区带入苗木、种子、果实等，并应用无病毒苗木。

（2）农业防治。加强肥水管理，使抽梢统一整齐、冬季清园，剪除病虫枝，喷布石硫合剂。

（3）化学防治。新梢萌发前喷布0.5%～0.8%倍量式波尔多液、77%氢氧化铜800倍液、72%农用链霉素2 500倍液、或75%百菌清500倍液等杀菌剂。

335. 甜橙炭疽病、黑点病、黑斑病、疮痂病如何防治？

冬季结合清园，集中烧毁。在春夏秋梢抽发期、幼果期，8、

图4-8-3　甜橙炭疽病

9月各喷1次50%甲基硫菌灵500倍液或75%百菌清500倍液或45%石硫合剂300～500倍液等杀菌剂，能有效保护柑橘幼嫩器官，防止病菌侵染（图4-8-3）。

336. 甜橙煤烟病、灰霉病如何防治？

开花前用0.5～0.8波美度石硫合剂或95%的机油乳剂50～200倍液连续喷施两次。开花后同样用石硫合剂或机油乳剂点治。

337. 甜橙潜叶蛾、蚜虫如何防治？

在新梢萌发0.5厘米时，用10%氯氰菊酯3 000倍液或杀灭菊酯3 000～5 000倍液，每10天1次，连续2次点防（图4-8-4、图4-8-5）。

图4-8-4　甜橙潜叶蛾危害症状

图4-8-5　甜橙蚜虫

338. 甜橙大、小实蝇如何防治?

在5月下旬至6月初，用3%红糖液混合90%晶体敌百虫800倍液，于上午9时，成虫开始取食时喷施结果较多的叶背，连续3～4次，每隔5～6天1次。或在5月成虫羽化时，在树冠下地面喷40%乐果800倍液，及时杀死羽化出土的成虫。

339. 甜橙黄龙病如何防控?

柑橘黄龙病是世界柑橘生产上的毁灭性病害，该病全年都能发生。叶片形成斑驳状黄化，或秋季新梢叶片均匀黄化；果实主要表现为“红鼻果”症状，且果实畸形，呈歪斜状。

防治方法：

①严格检疫，杜绝病苗、病穗传入无病区和新种植区，运用无病毒苗木。

②砍除黄龙病株，发现一株挖除一株，不留残桩。

③防治柑橘木虱。加强栽培管理，每次新梢抽发整齐，统一喷药防治。在萌芽期即要喷第一次农药，防止成虫产卵在芽隙处。农药以新烟碱类、拟除虫菊酯类农药为主，可选用吡虫啉或高效氯氰菊酯等；加强冬季清园喷药，消灭越冬期活动力差的木虱成虫，是全年防治的关键；在柑橘产区内不种植黄皮、九里香等芸香科植物，杜绝柑橘木虱转移寄主。

340. 甜橙何时采收?

适时采收，日常生产时主要依靠果皮颜色确定，立即鲜销和加工的果实，完全成熟时采收；用于长期贮藏和长途运输的果实，可以在果实七、八分成熟时采收（甜橙着色2/3时）。

具体采收时选择晴天、果实表面水分干后进行采果。下雨、落雪、雾未散、霜未化、刮大风、晴天高温时不采果，大风大雨后隔两天采果。

341. 甜橙怎样采收？

采果者采收前剪平指甲并磨平或戴手套。采果按自下而上、由外至内顺序，分批分级采收。通常使用复剪法采果，第一剪在离果蒂3～5厘米处剪下，再齐果蒂复剪一刀，注意保持果蒂与萼片完整。采下的果实先装入采果篓或采果袋中，再转入采果箱，避免果实碰伤或压伤，最后运往贮藏场所进行贮藏保鲜处理。

342. 甜橙采果后如何进行分级？

生产上甜橙通常按果实大小分级，也可以根据果面着色程度、果实甜酸度分级。大小分级具体分人工分级和机械分级。

（1）人工分级。主要是用圆形分级板对果实进行大小筛选。测量圈上标注有对应的尺寸数字，常用为65毫米、70毫米、75毫米、80毫米、85毫米、90毫米、95毫米。将果实依次通过测量圈，若能穿过，则说明果实小于测量圈上尺寸，直到果实刚好进入测量圈又不能穿过时，则得出果实为测量圈上尺寸。

（2）机械分级。在大型甜橙生产企业中应用普遍，利用自动化设备，将不同重量和体积的果实分开，从而达到按果实大小分级的目的。

343. 什么是甜橙果实发汗？

发汗是果实采收后贮藏前自然放置提高其贮藏性的处理。

具体做法是，将刚采收的果实在阴凉、干燥、通风的环境下放置3～5天，让果实失水3%左右，果皮呈微变软有弹性的状态。

344. 甜橙有哪些贮藏方式？

柑橘贮藏方式有常温和冷库两大类，常温贮藏有普通室内、地窖、通风库等方法，冷库主要是低温冷库。根据贵州柑橘主产区的气温、地质和经济条件，贵州省柑橘主要为常温贮藏。

（1）普通室内贮藏。贵州省个体种植户主要采用此法，利用自建砖房和木房贮藏。黔东南柑橘产区为少数民族聚居区，通常将柑橘贮藏在吊脚楼木房内。

选择干燥、凉爽、通风条件好、干净的房间作为贮藏室。在果实采收前2天，用多菌灵或氧化亚铜进行室内消毒、杀虫，在地面铺3～5厘米厚的洁净稻草。果实用咪鲜胺消毒，放入贮藏室。果蒂向上码放，一般高度为5～6层果，切忌码放过高，果堆上层覆盖一层薄稻草。果实宜分堆码放，每堆交接处留25厘米左右，方便翻捡和移动果子。每隔2周左右检查一次，及时捡出烂果，早晚开窗通风。若发现屋内干燥，表层果子失水萎蔫，可将干净棉布浸湿，挂于门窗通风口处增加湿度。用这种方法贮藏柑橘，果实腐烂率可由15%降至3%左右。

（2）地窖。贮藏6个月腐烂率可保持在3%。修窖，将窖内整平修光。入窖前一个月根据室内的干湿程度适当灌水，保持窖内相对湿度在90%～95%。入窖前2～3天再用硫菌灵800倍液密封杀菌，密闭7天后半开窖口。入窖前，先在窖底铺一薄层稻草，然后将果实整齐沿窖壁周围码放，果蒂向上，大果在下，小果在上，或大小果分开堆放。果堆交接处留出25厘米左右距离，以便检查翻果。果实入窖前期呼吸作用旺盛，需要开孔降温排湿，2天后将草垫放在窖口周围，封窖。每隔一周开窖通风，检查，捡出烂果。

(3) 通风库贮藏。目前，通风库贮藏是我国柑橘主产区重要贮藏方式。在类似窑洞的通风库内用木料或金属材料搭架，将果实直接放置在架板上贮藏，为架藏；将果筐在库内进行“品”字形堆放，高8箱，每垛之间留出操作空间，为箱藏。通风库通风良好、检查方便、病害蔓延较慢，但入库时需人工上下架，耗费劳动力。

果实入库前，硫黄熏蒸库房消毒。贮藏2周后打开排气扇，外界温度较低时注意保暖。经常观察库房内湿度，湿度过高，注意通风，或者用消石灰吸潮；湿度降低时，可洒水补充湿度。

（九）杂柑

345. 全国杂柑产业发展是什么情况？

杂柑是杂交柑橘的简称，通过橙、橘、柚和柑之间相互杂交而来。杂柑具有早熟或晚熟、品质优良，丰产性好等优点，已经成为我国柑橘产业品种结构调整的主要对象。目前，全国杂柑种植面积约120万亩，主要分布在四川、广西、云南、重庆、湖南、江西等地。四川省丹棱县打造“中国橘橙之乡”，以不知火为主的晚熟杂柑面积16万亩，总产量2.28亿千克，总产值21.28亿元，亩产值达1.33万元。广西南宁沃柑种植面积超过20万亩，总产值超过15亿元。浙江宁波、台州种植的爱媛28杂柑，利用温室大棚控水提高果实品质，并达到延迟采收的目的，经济效益极其可观。

346. 贵州省杂柑产业发展是什么情况？

目前，杂柑在贵州省已有成规模种植。据了解，2017年在毕节市七星关赤水河边海拔800米的柑橘果园中，在椪柑大树上高接爱媛28，面积100余亩。翌年亩产超过2 000千克，每千克售价超过40元，经济效益良好。在铜仁市德江县种植沃柑，2018年已挂果，12月着色，品质与抗寒性尚未评价。在铜仁市松桃县引进试种杂柑品种大雅和沃柑，经过3年种植，树势旺，丰产，未见冬季低温对树体的影响。在黔东南州从江县引进种植大雅、沃柑、不知火、爱媛28、春见等杂柑，尚未结果。在榕江县引进有无核默科特、沃柑等，尚未挂果。

347. 贵州省杂柑产业应该怎样布局？

根据当前已有的引种试验结果，结合贵州省的自然生态条件，大部分杂柑品种适宜在贵州省种植。但在大规模种植前，需要根据品种特性和自然生态条件进行慎重选择。大多数杂柑品种成熟期晚，如沃柑、默科特等，翌年1～4月成熟。果实需要越冬，因而需要高积温，年积温大于6 000℃，年均温大于17.5℃，冬季最低温不低于0℃。考虑在贵州省黔东南、黔南、黔西南等符合上述要求的地区种植。早熟杂柑品种爱媛28和金秋沙糖橘，10～11月成熟，可在海拔低于800米，年均温大于16℃的地区种植。但由于其抗寒性较弱，也需严防冬季低温。

348. 贵州省发展杂柑产业有什么优势与劣势？

贵州种植杂柑，有优势也有劣势。

优势：①贵州省气候多样，适合多种杂柑品种种植；②生态气候优良，适合高品质果品生产；③没有大规模柑橘种植，各类病虫害少；④多山区丘陵地形，形成自然隔离，不利于病虫害蔓延传播。

劣势：①贵州的小气候复杂多样，需要谨慎选择品种，事先需做引种试验；②贵州山地果园基础条件差，土层薄，土壤熟化不够，而杂柑生长与结果需要大肥大水；③杂柑种植对生产管理要求高，需要精细管理，本地果农大多不具备精细管理的技能和观念。

349. 杂柑与其他柑橘比较具有哪些特点？

杂柑为橙、橘、柚和柑之间相互杂交而来，表现出以下特点：①表现明显的杂种优势，早结果，丰产性好；②果实品质优良，果肉细腻，富含汁水，化渣性好；③杂柑果实早熟或晚熟，实现错季上市；④抗病性、抗逆性弱，要求较高的管理水平；⑤树势弱，易早衰，需要大肥大水精心管理。

350. 杂柑果实具有哪些营养成分和价值？

杂柑果实含有丰富的营养成分，具有多方面的营养价值。①含丰富的可溶性糖类、有机酸、矿物质、纤维素、蛋白质、氨基酸和多种维生素等营养元素，尤其维生素C含量较高。②含丰富的类胡萝卜素，具有抗氧化，减缓衰老的功能。③含膳食纤维和果胶，具有通便，降低胆固醇，预防冠心病、动脉硬化等疾病的功效。④含有黄酮类物质，具有抗氧化、抗癌的功效。

351. 杂柑树体的生命周期和管理要点是什么？

可划为4个时期，即营养生长期、生长结果期、盛果期和衰退期。

（1）营养生长期。枝叶生长，根系与树冠迅速扩大。管理以施氮肥为主，促进营养生长，为开花结果打基础。

（2）生长结果期。从开始结果到大量结果。根系和主枝生长减弱，抽枝数增多。应加强肥水管理，增强树势和扩大树冠，提高树体的挂果量。

（3）盛果期。产量上升达到稳定。大枝生长缓慢，小枝大量发生。需加强肥水管理，合理修剪，使内膛通风透光，维持高产量。

（4）衰退期。产量下降到丧失结果能力。枝梢和根系枯死、骨干枝衰老，产量显著降低。加强肥水管理，更新根系和树冠、防治病虫害，保持果实产量。

352. 贵州省适宜栽培的杂柑品种有哪些？

（1）春见。又名耙耙柑，清见和F-2432椪柑杂交育成。果实高扁圆形或倒阔卵形，果大。果面光滑，深橙色，果皮薄，包着紧，剥皮较易。果肉深橙色，质地脆嫩多汁，化渣，风味浓郁，酸甜适口，品质优。一般无核，但与有些品种混栽时有核。10月下旬着色，11月中下旬完全着色，12月中下旬果实成熟。该品种丰产性较强，但挂树过多会致树势衰弱，果实变小，引起大小年结果，因此生产中应加强树势培育。

（2）大雅。以清见橘橙为母本、新生系3号椪柑为父本杂交选育而成。果实较大，外观整齐，果实扁圆形。果皮橙黄色，较光滑，果皮薄，果皮包着较紧，易剥离。果肉橙色，品质优，肉质细嫩化渣，酸甜可口，有香气，汁多。较晚熟，采收供应期长，最佳采收时间在11月下旬，鲜果采收上市期可长达3个月。

（3）爱媛28。又称为“红美人”或“果冻橙”，以南香为母本、天草为父本杂交育成，橘橙杂种。果实大，果实圆形或卵圆形。果皮薄而光滑，油胞大，较凸，果皮深橙色。果肉黄橙色，细嫩化渣，汁多味甜，品质优良。单性结实能力强，且通常无核。9月中旬果实表面开始着色，10月下旬至11月上旬完全着色。因果皮薄，生产中裂果较多，夏季干旱时易发生叶片失水下垂等现象，应加强土肥水管理。红美人抗寒性较弱，易发生冻害，作为商品性栽培，应选择适地栽培或采用保护地栽培的措施。

（4）沃柑。以坦普尔橘橙与丹西红橘杂交而成。具有长势旺、极晚熟、产量高、品质优的特点。果实中等大，扁圆形。果皮外观橙红色，果皮光滑。果肉橙红色，汁胞小而短，囊壁薄，果肉细嫩化渣，多汁味甜。4月中旬开花，11月中下旬转色，翌年1月中旬成熟，成熟期1～4月。该品种丰产性强、抗病、抗逆性强，栽培管理容易，耐贮性好，综合性状优良。

（5）默科特。又称为茂谷柑，宽皮柑橘与甜橙的杂交种，具有早结、丰产、稳产特性。果实中等大，扁圆形，均匀整齐。果皮橙黄色，包着较紧，皮较韧，容易剥开。果肉橙红色。果汁多，酸甜适中，风味极浓。种子平均6～14粒。果实较硬，耐贮藏。由于果皮薄，部分果实易裂果，树冠顶部果实易日灼。11月初果实开始着色，2月开始成熟，可挂树延长收获至3月，品质极佳。为克服种子多的缺点，又选育出“W默科特”，又称为“少核默科特”。适宜在热量较高地区种植。

（6）金秋沙糖橘。以爱媛30号为母本、沙糖橘为父本杂交选育。果实10月中下旬成熟，取名为“金秋沙糖橘”。果实形状为圆形，小果，颜色为橙红色。果皮光滑细腻易剥离，果实无核，高糖低酸，肉质细嫩化渣。

（7）不知火。又名“丑柑”“丑橘”“丑八怪”等。以清见橘橙与中野3号椪柑杂交育成。果实倒卵形，果皮黄橙色，果面粗糙。易剥皮，有椪柑香味，无浮皮。果实10月上旬开始着色，12月上旬完全着色，成熟期2～3月。味极甜，糖度可达14°～18°，果肉清脆化渣，风味极好。不知火果实耐寒性弱，且果实要在树上越冬成熟，因此果实越冬期最好进行避雨栽培，避免果实受冻并减少落果。

353. 杂柑种植对环境有哪些要求？

（1）温度。温度是影响杂柑种植与生长发育的主要决定因素。大部分杂柑品种要求年均温17.5℃以上。大于或等于10℃的年积温超过6 000℃，最低温不低于0℃。

（2）水分。年降水量1 000～1 500毫米。

（3）光（日）照。较好的光照，日照充足。

（4）土壤。中性偏酸土壤，pH 5.5～8.5，以5.5～6.5为宜。土壤深度至少1米，疏松、通气、排水良好的土壤，地下水位1米以下。壤土最适宜，土壤有机含量达2%以上。

354. 种植杂柑如何开挖定植穴？

（1）平地及缓坡地起垄栽培。平地与缓坡地采用起垄栽培。全园深翻后平整土地，顺地势起表土堆垄。起垄过程中添加有机肥、绿肥和秸秆等混合均匀。垄高30～50厘米，面宽2米，垄底宽2.5米。

（2）山地起垄栽培。坡度较陡，不超过30°的山地改坡成梯。采用等高梯面式种植，梯田阶面宽3米以上。在梯面中间靠外侧，挖定植穴，长、宽、深分别为1米、0.8米、0.8米，回填表土、秸秆和有机肥等，适当起垄。

355. 杂柑苗木选购有哪些注意事项？

检疫合格，无严重病虫害。根系发达完整，主根长20厘米以上，须根多，均匀分布，根茎处不扭曲。嫁接口愈合良好。苗木健壮，枝叶健全、叶色浓绿、无畸形。苗木高度大于60厘米、主干粗细0.6厘米以上（嫁接口以上2厘米处）。

356. 杂柑苗木采用什么定植密度？

平地采用株距3米×行距4米的密度进行栽植，亩植55～60株。山地采用株距2.5米×行距3米的密度进行栽植，亩植80株。

357. 杂柑苗木什么时候定植？

①裸根苗定植，春季：2月下旬至3月中旬春梢萌动前。秋冬季：10～11月中旬（冬季无冻害地区）。②容器苗定植，避开冬季低温（12月至翌年1月）冻害，其他时间均可定植。

358. 杂柑苗木怎样定植？

裸根苗定植：修整苗木根系，将苗木放于定植穴中；放一层须根，铺平后用细土压实，再放一层须根压实；确保根系不弯曲、分布均匀，与土壤紧密接触；苗木根颈部高出地面10～15厘米；轻轻压实苗木周围土壤，覆土成墩；及时浇足定根水。

容器苗定植：轻拍育苗袋四周，取出苗木，去掉苗木根系表层和下部的营养土；将主根伸直，须根自然伸展；苗木置于穴中，使苗木根颈部高出地面10 ～ 15厘米；将细土扒至苗木根系周围，将根系用泥土填埋；用手将苗子周围的泥土轻轻按紧，使根系与周围泥土紧密接触，利于根系吸收水分。

359. 杂柑定植后有哪些管理措施？

①在定植后未抽发新梢前不施肥，加强灌水。观察叶片微微卷曲就灌水。②保持嫁接口露出地面超过10厘米，若有泥土覆盖，及时清理。③解除嫁接口的薄膜。④苗木定植后需保持苗木直立，生长较快。若苗木倾斜，需用竹竿等将苗木扶正固定。

360. 什么是杂柑的高接换种？

高接换种是在原有老旧品种的枝干上改接优良品种，进行品种更新换代。高接换种的对象包括：果实品质差、产量低的老旧品种，长期不结果的实生树，树势严重衰退的衰老树。

361. 杂柑可在什么品种上进行高接换种？

杂柑通常在温州蜜柑类、橙类、椪柑类进行高接换种。

362. 杂柑高接换种一般在什么时间进行？

一般在2月下旬至4月上旬，高接成活率高。此外，6~10月也可高接。气温高于35℃，或日平均气温在12℃以下，愈合缓慢，不宜高接。春季高接，应在温暖无大风的晴天进行，避免早晚气温太低时嫁接；夏、秋季气温高，避免在中午阳光直射时嫁接。

363. 杂柑高接换种怎样操作？

①截干。保留3 ~ 4个分布均匀、直立的主枝作为高接枝，其余枝干截去，断口处保持平滑。削平大伤口，薄膜包扎，涂凡士林并杀菌，促进愈合。②高接。春季用切接和腹接，以切接为主，秋季用腹接。③留辅养枝。在高接枝上保留少量有叶枝作为辅养枝，接穗恢复生长后按计划剪去。

364. 杂柑高接换种的切接法和芽接法怎样操作？

（1）切接法。切砧，剪口外缘斜削，沿形成层垂直向内切下，不带木质部，下部稍带木质。削接穗，选有饱满芽的枝段，在芽下方削长削面，深度以达到形成层为宜。长削面下端相反一面以45°角削断接穗，在芽上方0.2 ~ 0.3厘米处斜削，削断接穗。插接穗，将接穗长削面向内插入砧木切口，砧穗形成层对准。包扎薄膜，采用塑料薄膜带以嫁接处为中心自下而上绑紧，露出接芽。

（2）芽接法。砧木削皮，在高接枝一侧自上而下削一刀，深达形成层，将削皮切除2/3，保留下端。削芽，自接芽上方约0.5厘米向芽下直削，略带木质部，在芽下约0.6厘米处斜削一刀将芽片取下。嵌芽，拿住接芽叶柄，将芽片嵌合在砧木削口中央，使两者形成层贴合。包扎薄膜，先扎中下部，稳定芽片位置，再扎上部。

365. 杂柑高接换种后怎样管理？

高接换种后应加强管理，包括如下措施：①检查成活，高接后15天检查成活情况，没有成活要及时补接。②解薄膜，在接穗新梢老熟木质化时解膜。③剪砧，秋季芽接于第二年2～3月上旬在接芽上方2～3厘米处剪除砧木。④除萌，除去接芽15～20厘米范围内的砧芽。⑤摘心，接穗新梢生长到20～30厘米时摘心，促发分枝。⑥刷白，对裸露的枝干在5月和11月及时刷涂白剂，防止夏季日灼和冬季冻裂。⑦疏花，高接后第一年及时摘掉接穗新梢上出现的花蕾，减少养分消耗。

366. 杂柑果园施肥要注意哪些原则？

①有机肥与无机肥结合，缓效肥与速效肥结合。②深施与浅施、根外喷施结合。③有机肥、缓效肥为主，无机肥、速效肥为辅。④有机肥深施，无机肥浅施和根外喷施。⑤看树施肥。根据品种、砧木、物候期、树龄、树势及结果状况等采取适当的施肥措施。⑥根据肥料种类施肥，减少拮抗和流失，提高利用率。⑦看天施肥：雨季配合降雨干施，旱季配合浇水淋施，旱涝灾后多用速效肥或根外追肥。⑧看地施肥：沙质土壤保水保肥能力差，应勤施薄施，浅施并结合根外追肥；黏土则可以适当重施、深施。

367. 杂柑果园施肥主要有哪些问题？解决措施是什么？

①长期依赖化肥，土壤酸化板结严重。有机质含量、微生物活性、腐殖酸含量降低，致使化肥利用率低。解决措施：多

施有机肥，种植绿肥作物。②重施大量元素，忽视中微量元素。长期重施氮、磷、钾，忽视硼、铁、锌等中微量元素。土壤中微量元素严重缺乏。解决措施：平衡施肥，配方施肥。③施用未经发酵腐熟的农家肥，损害根系。未发酵腐熟的农家肥携带大量病菌害虫，严重损害根系。解决措施：充分腐熟发酵后使用。④不按需肥规律施肥。不按根系的需肥规律施肥，不仅达不到目的，造成浪费，还可能造成损失。解决措施：根据树体生长发育的规律确定施肥时期、方式和用量。

368. 杂柑果园的肥料包括哪些种类？

肥料主要包括有机肥和无机肥。

有机肥是对农家肥料的统称，又称为基肥、缓效肥，含有多种营养成分，肥效长，能改善土壤理化性状和果树根际营养。包括：畜禽粪、人粪尿、作物秸秆、果园绿肥、堆肥沤肥、饼肥、河淤土、池塘泥、沼渣、沼液等。

无机肥为矿质肥料，也称为化学肥料，简称化肥、速效肥。具有成分单纯、有效成分高、易溶于水、分解快、易被根系吸收的特点。无机肥通常包括氮、磷、钾肥和复合肥、水溶肥。

369. 杂柑果园根外施肥有哪些方式？

根外施肥在根系附近土壤中进行，按照开挖方式不同，可分为以下3种施肥方式。

（1）环状沟施。树冠外缘投影下开沟，宽30厘米、深40～50厘米，施肥后及时覆土。

（2）放射沟（辐射状）施。距树干0.5米向外开沟，至树冠外缘投影下，开沟4～6条，深40厘米、宽30厘米，施后覆土。

（3）条状沟施肥法。按照栽植行向，在树冠外围顺行向开沟，沟宽40厘米，深50厘米，施后覆土。

370. 杂柑幼树怎样施肥？

以氮肥为主，搭配适当的磷、钾肥，少量多次，薄肥勤施。每年施肥4～6次，分别在春、夏、秋梢抽发前和新叶转绿时施入。每次使用50～100克，根据树龄酌情增加。在投产前一年秋季增施磷、钾肥，促进花芽分化。

371. 杂柑成年结果树怎样施肥？

全年施肥分4个时期：①发芽肥。发芽前10～15天施，一般在2月下旬至3月上旬。施速效氮、磷肥或复合肥，占全年施肥量的15%～20%。②稳果肥。花谢3/4到第二次生理落果前（5月）施用。以氮为主，配合磷肥，占全年施肥量的5%。长势旺的树少施或不施，结果多的树适量施。③壮果肥。在7月下旬至8月上旬，是全年施肥的重要时期。以速效氮、磷、钾为主，配合有机肥，占全年施肥量的40%。④采果肥。在采果前后施入。施速效肥，采果后结合橘园深耕重施有机肥，占全年施肥量35%～40%。每亩果园全年施用氮、磷、钾肥分别35千克、15千克、30千克，有机肥2～3米^3。

372. 杂柑怎样进行叶面追肥？

叶面追肥又称为根外施（追）肥，通过叶面喷洒来补充植物所需的营养元素。是补充和调节营养的有效措施，只能提供少量养分。为满足所需的养分，应以根部施肥为主，叶面施肥仅作为辅助措施。叶面追肥主要有以下时期和方式：①新梢生长期间可叶面喷施0.3%～0.5%尿素+0.2%磷酸二氢钾；②花期可喷施0.2%硼砂+0.3%尿素；③幼果期可喷施0.2%磷酸二氢钾，0.3%尿素或1%过磷酸钙浸出液；④7～9月，果实迅速膨大期，喷施0.2%磷酸二氢钾；⑤9～11月喷施叶面肥，可促进花芽分化。

373. 杂柑果园怎样进行土壤管理？

进行土壤管理的目的是达到改良土壤、熟化土壤、提高土壤肥力、创造有利于根系生长的土、肥、水、热条件。可采取以下措施：①清耕，浅耕除草，保持果园地面干净。②深翻，改良土壤结构和理化性质，增强保肥蓄水能力。③间作，充分利用土地，加速土壤熟化，提高土壤肥力。宜选根系浅，枝干矮，生长期短，耗肥量少的作物。例如花生、大豆、绿豆、果菜类、块茎类和叶菜类蔬菜，严禁种植高秆类作物小麦、玉米、高粱等，以及藤蔓作物瓜类、豇豆等。④种植绿肥，种植苕子、紫花苜蓿、豆科作物、三叶草等。⑤覆盖，有利于表层土温和水分稳定，增强根系吸收能力。

374. 杂柑果园生草有哪些好处？

果园生草是指人工全园或行间种植多年生牧草、绿肥等作物。果园生草有以下优点：①增加土壤有机质含量；②保持土壤墒情；③夏季保水保湿，冬季抗寒保温；④改善果园小气候；⑤疏松土壤；⑥减轻劳动强度，提高效益；⑦提高果品质量。

375. 杂柑果园杂草怎样防治?

果园杂草防治主要有以下措施：①人工除草，在杂草生长季节人工割除；②果园覆盖，利用防草布等进行果园覆盖；③人工种植绿肥作物。

注意：尽管使用除草剂能够达到较好的除草效果，但从果园生态、果实品质安全等方面考虑，不提倡使用除草剂。

376. 杂柑整形修剪要达到什么目的?

①培养早结果、丰产稳产的树形；②改善树冠通风透光条件，提高光合效率；③调节养分分配，促进优质丰产；④减少病虫害，更新复壮树势。

377. 杂柑整形修剪要遵循什么原则?

①看树看地看时修剪；②应促使树冠开张，通风透光；③应重视大枝修剪和省力化修剪，宜粗不宜细；④幼树定干后尽量少整形，扩大树冠，提早结果；成年树短截或回缩时，尽量减少叶片损失；⑤修剪应和肥水、病虫防治等措施结合。

378. 杂柑整形修剪是什么时候进行?

通常包括冬季修剪和夏季修剪。冬季修剪，在采果后到春季萌芽前修剪。若冬季没有冻害，则越早修剪越好；冬季有冻害，在春季温度回升后修剪。夏季修剪，对幼年树进行抹芽放梢培育骨干枝，对结果树采用回缩法修剪，短截衰弱枝和老枝，疏剪细弱纤枝、病虫枝。

379. 杂柑整形修剪有哪些方法？

①短截，剪短一年生枝条，留下一部分枝条进行生长。促使其抽生新梢，增加分枝数目，保证树势健壮和正常结果；②摘心，在新梢停止生长前摘除新梢先端部分，促使加快老熟和充实；③疏剪，对一至二年生枝条从基部全部剪除；④回缩，从分枝处剪除多年生枝；⑤拉枝，幼树整形期用绳索牵引拉枝，用竹竿支撑和石块等重物吊枝，改变植株主枝、侧枝生长方向和长势；⑥环割，用利刃割开主干或侧枝韧皮部一圈或几圈。使养分在枝梢和叶片积累，抑制过旺的营养生长，促进花芽分化；⑦疏花疏果，春夏季摘除过多的花蕾和幼果，减少营养消耗，保证枝梢生长，提高果实品质。

380. 杂柑幼树期怎样整形修剪？

杂柑幼树期指苗木定植后到结果之间的这段时期。幼年树以整形为主，轻剪为辅。枝梢应轻剪或不剪，尽量多留枝梢叶片，扩大树冠。①定干，高度一般在40 ~ 50厘米短截，剪口下保证在不同方位，不同层次保留3 ~ 4个生长健壮的梢作主枝；②摘心，在夏秋季节选择生长旺盛的枝条对先端进行短截，促进分支；③短截，在主枝上短截，促进剪口下的芽抽生成枝，其他枝尽量少短截；④疏剪，剪去密生枝、重叠枝、徒长枝，病虫枝；⑤去花蕾幼果。

381. 杂柑成年结果树怎样整形修剪？

成年结果树修剪以轻度为主。①疏除郁蔽大枝，疏剪部分二至三年生大枝，改善内膛光照通风；②回缩，选择部分结果枝组轮流回缩促进抽生新的枝组，培育结果母枝；③结果枝组修剪，若枝组弱，则缩剪至有健壮分枝处；若枝组强，只缩剪先端和下垂衰弱分枝；④剪去辅养枝和下垂枝。

382. 杂柑衰老树和树势弱树怎样整形修剪？

重剪衰老树和树势弱树，促发新梢或更新树冠。①短剪刺激长势较弱的枝梢抽生强壮新梢；②采用回缩剪除多年生枝或骨干枝，刺激抽生健壮新梢，更新树冠。

383. 杂柑果园病虫害绿色防控有哪些措施？

推行“预防为主、综合防治”的理念，综合应用生态调控、生物防治、物理防治和科学用药等技术措施。①加强栽培管理，合理整形修剪，平衡施肥，果园生草，冬季清园；②物理和生物防治，挂黏虫板，挂杀虫灯，挂诱杀瓶钵，挂性引诱剂，释放天敌等；③科学合理使用农药，选用高效、低毒、低残的农药，优先选用植物源、矿物源、生物源农药。

384. 炭疽病怎样防治？

（1）症状。危害叶片时表现为两种类型，慢性性病害多发生在叶缘或叶尖，浅灰褐色，近圆形或不规则形，病斑上常有排成同心轮纹状的黑色小粒点；急性型病斑颇似开水烫伤，初为淡青色小斑，后迅速扩展为水渍状边缘不清晰的波纹状斑块，病部组织枯死后多呈V形或倒V形斑块。危害枝梢时，一种症状为病梢自上而下枯死，多发生在寒害后的枝梢上；另一种症状发生在枝梢中部，病斑初为淡褐色，后扩大为长梭形，易形成环割，导致病梢枯死。幼果受害时，初为暗绿色油渍状不规则形病斑，后扩展至全果，可引起大量落果或成僵果挂在树上。

（2）发病规律。炭疽病是一种潜伏侵染性病害。恶劣的气候条件或其他不良因素使树体处于衰弱的状况是影响炭疽病发生轻重的因素。

（3）防治方法。①增强树势是防治炭疽病的关键，因此要加强栽培管理及其他病虫害防治，增施有机肥，注意修剪等；②在春、夏嫩梢抽发期（杂柑幼树是重点）和果实成熟前期进行观察；③发病初期喷施80%代森锰锌600倍液、25%溴菌腈500倍液、70%甲基硫菌灵或5%多菌灵800倍液，每隔15天喷药1次，连喷2～3次。④清洁果园，清除病枝叶、病树，消灭侵染源。

385. 黑点病怎样防治？

（1）危害症状。新叶、新梢和果实表面出现透明褪绿针状小斑点，形成褐色或黑褐色小点。

（2）防治时期。5月中旬和8～9月。

（3）防治方法。①剪除病枯枝，带出果园集中烧毁；②喷施80%代森锰锌600倍液或77%氢氧化铜800～1 000倍液。

386. 粉虱怎样防治？

（1）危害症状。主要危害叶片，嫩叶受害尤其严重，在叶片背面吸食诱至煤烟病，引起枯梢。少数果实也有受害，受害果实生长缓慢，以致脱落。

（2）形态特征。卵淡黄色，椭圆形，以卵柄着生于叶背面。幼虫淡黄色体扁平椭圆形，周缘有小突起17对。成虫黄色，被有白色蜡粉，翅半透明，亦敷有白色蜡粉。

（3）防治方法。①农业防治。剪除密集的虫害枝，使果园通风透光，加强肥水管理，增强树势，保护刺粉虱黑蜂和黄盾恩蚜小蜂等天敌；②化学防治。在幼虫期可选用99%矿物油200倍液、20%松脂酸钠100 ～ 200倍液、90%敌百虫800倍液、48%毒死蜱1 200倍液、25%扑虱灵1 000倍液等喷药。成虫盛发期可选用10%吡虫啉2 000 ～ 3 000倍液、3%啶虫脒1 500倍液、10%烯啶虫胺3 000 ～ 5 000倍液进行防治。

387. 潜叶蛾怎样防治？

（1）危害症状。幼虫在嫩枝、嫩叶表皮下弯曲迂回蛀食危害，形成银白色的弯曲虫道，俗称“鬼画符”。被害叶片卷曲硬化，容易脱落。

（2）发生特点。潜叶蛾适宜的温度为20 ～ 28℃，26 ～ 28℃温度条件下发育快，夏、秋季雨水多有利于嫩梢抽发，危害比较严重，幼树和苗木受害较重，秋梢受害重。

（3）防治方法。①控制夏秋梢：摘除零星抽生的夏、秋梢，使夏、秋梢抽生整齐划一，切断潜叶蛾的食物链；②放梢期间加强药剂防治。施用20%氰戊菊酯8 000 ～ 10 000倍液，或

20%速效菊酯2 500倍液。夏秋梢2～3厘米立即喷药，每7天喷一次，连续2～3次。

388. 锈壁虱怎样防治？

（1）危害症状。果实、叶片背面及嫩枝表皮变为褐色至污黑色。被害果实表面粗糙，变成黑褐色，又称为“锈皮果”。

（2）防治时期。6～10月。

（3）防治方法。①农业防治，加强肥水管理，增施有机肥，增加果园湿度，高温干旱季节及时灌水抗旱；②化学防治，做好清园、树干刷石灰水，结合石硫合剂；发生时施用10%阿维三唑锡1 000倍液、或20%哒螨灵1 500倍液+1.8%阿维菌素1 500倍液。均匀喷洒叶背、叶面、树冠下部、内膛和果实背阴面。

389. 杂柑果实怎样采收？

杂柑果实适合鲜食，达到品种固有的色泽、风味和香气，果肉变软，糖酸等内含物达到标准时采收。准备采果剪、采果袋，塑料周转箱等。选择晴天、果实表面无水分时进行采果。采用两剪法，第一剪将果实从枝上剪下，第二剪将果柄齐萼片剪平不留桩，注意保持果蒂与萼片完整。

390. 提高果实品质可以采取哪些措施？

①加强土壤管理，改良土壤。通过种植绿肥，清耕、覆盖等方式，提高土壤物理和化学性能，便于根系生长。②合理施肥，多施有机肥。充足的有机肥对改良土壤，提高土壤养分具有良好的作用。③疏花疏果。合理的果实负载量是保证果实品

质，维持树体长势的关键因素。④适当修剪，改善树体通风透光条件，降低病虫害。⑤采前控水。果树成熟前30天覆膜，对树体形成轻微干旱，提高果实可溶性固形物含量，显著提升果实品质。

391. 杂柑栽培有哪些注意事项？

①加强土肥水管理。杂柑具有早产丰产的特点，极易造成树势早衰。因此必须提供良好的土壤环境，充足平衡的营养养分，满足树体生长和开花结果的需要。②加强冬季越冬管理。大部分杂柑品种具有晚熟的特点，果实留树越冬容易受低温影响。应增强树势，低温霜冻时采用防寒措施，例如灌水、熏烟、果实套袋、树体覆膜等措施。③加强整形修剪和疏花疏果。杂柑树势普遍不强，丰产后树势更弱。因此，需要在幼树期加强营养枝的培育，在结果期注意轮换结果母枝。④加强病虫害防治。杂柑普遍表现出抗病力较弱的特点，需加强病虫害综合防治。

主要参考文献

蔡永强, 2017. 火龙果栽培关键技术[M]. 北京: 中国农业出版社.

蔡永强, 向青云, 陈家龙, 等, 2008. 火龙果的营养成分分析[J]. 经济林研究, 26(4): 53-56.

程明明, 黄苇, 2017. 西番莲果皮中膳食纤维的降脂保肝及润肠通便功能[J]. 食品科学, 38(11): 202-207.

程运江, 2011. 园艺产品贮藏运销学[M]. 2版. 北京: 中国农业出版社.

沈兆敏, 徐忠强, 2011. 橘优良品种及丰产技术问答[M]. 北京: 金盾出版社.

郗荣庭, 2009. 果树栽培学总论[M]. 北京: 中国农业出版社.

邓秀新, 彭抒昂, 2013. 柑橘学[M]. 北京: 中国农业出版社.

樊卫国, 2014. 喀斯特河谷及山地柑橘生理生态与抗逆栽培[M]. 贵阳: 贵州科技出版社.

谷业理, 2014. 火龙果栽培搭架的"五度"技术方法[J]. 安徽农业科学, 42(3): 696, 759.

何天富, 1999. 柑橘学[M]. 北京: 中国农业出版社.

沈兆敏, 刘焕东, 2013. 柑橘营养与施肥[M]. 北京: 中国农业出版社.

沈兆敏, 辛衍军, 蔡永强, 2014. 晚熟柑橘品种及无公害栽培技术问答[M]. 北京: 中国农业出版社.

王彬, 2008. 火龙果果实发育规律及果实品质分析[D]. 长沙: 湖南农业大学.

王彬, 郑伟, 2004. 浅谈火龙果园草生栽培[J]. 广西热带农业(1): 22-23.

王莹, 刘忠和, 康万利, 等, 2009. 百香果中矿物元素分析[J]. 食品科学, 30 (22): 328-330.

袁启凤, 严佳文, 陈楠, 等, 2019. ‘紫香 1 号’百香果成熟果实的氨基酸分析与营养评价[J]. 中国南方果树, 48 (2): 50-54.

袁启凤, 严佳文, 王红林, 等,2019. 百香果品种 ‘紫香1号’果实糖、酸和维生素成分分析[J]. 中国果树 (4):43-47.

郑伟, 2008. 贵州火龙果病害调查及主要病害防治研究[D]. 长沙: 湖南农业大学.

中国科学院中国植物志编辑委员会, 1999. 中国植物志[M]. 北京: 科学出版社.

图书在版编目（CIP）数据

果树高效栽培技术轻松学/贵州省农业农村厅组编. —北京：中国农业出版社，2020.3（2020.7重印）
ISBN 978-7-109-26548-6

Ⅰ.①果…　Ⅱ.①贵…　Ⅲ.①果树园艺　Ⅳ.①S66

中国版本图书馆CIP数据核字（2020）第012324号

中国农业出版社出版
地址：北京市朝阳区麦子店街18号楼
邮编：100125
责任编辑：李　蕊　宋会兵
版式设计：杜　然　　责任校对：刘飏雨
印刷：中农印务有限公司
版次：2020年3月第1版
印次：2020年7月北京第2次印刷
发行：新华书店北京发行所
开本：880mm × 1230mm　1/32
印张：6.25
字数：140千字
定价：50.00元
